水理学解説

工学博士 柴山 知也 【編著】

博士(工学) 髙木 泰士
博士(工学) 鈴木 崇之
博士(工学) 三上 貴仁
博士(工学) 髙畠 知行 【共著】
博士(工学) 中村 亮太
博士(工学) 松丸 亮

コロナ社

まえがき

　この教科書は，大学学部に所属する学生の皆さんに向けて，水理学の内容を解説することを目的に書かれたものです。読者はおおむね大学2年生であることを想定していますので，高校で学ぶ数学と物理，さらに大学の低学年で学ぶ数学と力学の知識を前提としています。本書では，小学校，中学校，高校および大学の初学年で学んできたことが，水理学を学ぶ上でどのように役に立つかを読者の皆さんに実感してもらえるように配慮して記述したつもりです。皆さんから見れば，小学校以来の長期間にわたる学びは，いよいよ専門家に必要な学識として実を結ぶ段階に至ったということになります。

　私が45年ほど前に大学に入学した際，先生方の講義があまりにも不親切に感じられ，好きになれなかったことを覚えています。先生方が講義で説明している大切な内容が，文字で教科書に書かれていないことが多かったのです。こうした経験を踏まえて，本書では講義中に教員が講義内容を理解してもらうために語る解説を，できる限り話し言葉に近い形で，本文中に記述しようと試みました。本文中で記述しきれない演習問題解答のためのプログラムや水理現象の動画，カラー写真などは，別途Web上に掲載していますので適宜参照してください[†1]。

　ところで，皆さんは，なぜ水理学を学ぼうとしているのでしょうか。この質問に答えるには，19世紀末に立ち戻って，近代社会の成り立ちから考えてみる必要があります。フランスの社会学者であるエミール・デュルケムは，『社会分業論』（1893年）の中で，近代社会の成り立ちについて分析しています[†2]。伝統的な社会（中世の社会から続く「アンシャン・レジーム」と呼ばれるフランスの旧体制）では，同質的な人々が協力して社会を運営していました。類似した個人が結びつく単純な社会関係は，「機械的連帯」と呼ばれています。これに対して近代社会では，分業の発達により，異質な社会集団がそれぞれ別の機能を果たしながら協力して社会を運営するようになりました。異質な個人が機能的差異によって結合す

[†1] 本書の書籍詳細ページ（http://www.coronasha.co.jp/np/isbn/9784339052688/）を参照してください（コロナ社Webページから書名検索でもアクセス可能）。

[†2] 日本語訳は，井伊玄太郎 訳：社会分業論（上）（下）（講談社学術文庫 873・874），講談社（1989）で読むことができます。

る社会関係は,「有機的連帯」と呼ばれています。技術者の集団,医療者の集団,法曹の集団など,それぞれの職業集団が異なった職能を発揮し,別の機能を担うことが近代社会では必要になりました。

皆さんが水理学を学ぶ必要があるのは,大学卒業後に,土木技術者によって構成される社会集団の一員として,社会的な機能を果たしていくことが期待されているからです。大学は学部や学科ごとにそれぞれ別の分野の専門家を育成する高等教育機関ですから,学部や学科によって学ぶ内容が大きく異なります。水理学を学ぶのは,土木技術者を育てることを目的とした学科の学生のみということになります。この点が,多くの児童や生徒が共通の教科を学習する小学校から高校までの教育と大きく異なる点です。

皆さんが水理学を学ぶことを怠れば,将来,何が起こるでしょうか。数十年の時を経て社会の構成員の世代交代が生じますが,そのときに強力な台風が日本列島を襲ったとしたら,誰がどのようにして高潮・高波から沿岸の地域社会を守るのでしょうか。あるいは大雨の際に河川が増水し,堤防を超えて水が氾濫したら,どうするのでしょうか。もし水理学を修めた土木技術者がいなければ,こうした災害時に対処したり,防災策を提案したりする技術者が誰もいなくなってしまうことになります。このような時代が来ないように,社会を支える土木技術者を目指す皆さんには,是非とも水理学をしっかりと勉強して,土木工学の専門家になってほしいと思います。これから皆さんがそのための努力を重ねていく上で,本書がその助けになることを願っています。

なお,本書の企画・出版にあたっては,コロナ社の皆様にご尽力いただきました。記して謝意を表します。

2019 年 7 月

執筆者代表　柴山　知也

執筆分担

柴山　知也	1, 2 章　付録 A.1
髙木　泰士	8, 9 章, コラム 2, 8, 9
鈴木　崇之	7 章
三上　貴仁	2, 6 章, 付録 A.1, A.3
髙畠　知行	5 章　付録 A.2
中村　亮太	3, 4 章
松丸　亮	コラム 1, 3, 4, 5, 6, 7

(2019 年 7 月現在)

目　　　次

1. 水理学を用いてなにができるのか

2. 力の釣合いと三つの保存則

2.1 水理学の観察方法 ……………………………………………………………… 3
2.2 力 の 釣 合 い ………………………………………………………………… 4
2.3 三つの保存則とその関係性 …………………………………………………… 5
　2.3.1 質量の保存則　6
　2.3.2 運動量の保存則（微視的に観察した場合）　7
　2.3.3 運動量の保存則（巨視的に観察した場合）　10
　2.3.4 力学的エネルギーの保存則（ベルヌイの定理）　11
演 習 問 題 ………………………………………………………………………… 13

3. 動いていない水の力学：静水力学

3.1 静 水 圧 の 導 出 …………………………………………………………… 14
3.2 平面に作用する水の圧力 …………………………………………………… 16
　3.2.1 平面に作用する圧力の導出　16
　3.2.2 長方形斜面にかかる水の圧力（単純化した事例）　18
3.3 浮　　　　　力 …………………………………………………………… 19
3.4 浮 体 の 安 定 ……………………………………………………………… 21
　3.4.1 浮体の種類　21
　3.4.2 安定条件の評価　22
演 習 問 題 ………………………………………………………………………… 25
引用・参考文献 …………………………………………………………………… 27

4. 粘性のない水の運動：完全流体

4.1 ベクトル解析の基礎 …………………………………… 28
4.2 流線・流跡線 …………………………………………… 29
4.3 非回転（渦なし）流れの基礎 ………………………… 31
4.4 流れ関数 ………………………………………………… 32
4.5 複素速度ポテンシャル ………………………………… 34
   4.5.1 水平方向に進む流れの場　34
   4.5.2 湧出し，吸込み（1点から流出・流入する流れ）　35
   4.5.3 渦　糸　36
演 習 問 題 ………………………………………………… 37
引用・参考文献 …………………………………………… 38

5. パイプの中の水の流れ：管水路の水理

5.1 粘 性 流 体 ……………………………………………… 39
5.2 ナビエ・ストークスの方程式 ………………………… 41
5.3 層　　　流 ……………………………………………… 43
   5.3.1 層流の流速分布①（クウェット流とポアズイユ流）　43
   5.3.2 層流の流速分布②（ハーゲン・ポアズイユ流）　46
5.4 乱　　　流 ……………………………………………… 47
   5.4.1 レイノルズの実験　47
   5.4.2 レイノルズ数　48
5.5 レイノルズの方程式 …………………………………… 49
5.6 レイノルズ応力 ………………………………………… 51
   5.6.1 レイノルズ応力の物理的イメージ　51
   5.6.2 レイノルズ応力の評価　54
5.7 乱流の流速分布 ………………………………………… 55
5.8 管路流れの基礎方程式 ………………………………… 57
5.9 摩 擦 損 失 ……………………………………………… 59
   5.9.1 層流の摩擦損失係数　60
   5.9.2 乱流の摩擦損失係数　61

5.10 形 状 損 失 ··· 63
   5.10.1 断面変化による形状損失 64
   5.10.2 流出・流入による損失 66
   5.10.3 曲がりおよび屈折による損失 67
   5.10.4 そのほかの形状損失 67
5.11 エネルギー線と動水勾配線 ··· 67
5.12 サイフォンの流れ ··· 70
5.13 分岐・合流管路の流れ ··· 70
演 習 問 題 ·· 72
引用・参考文献 ··· 74

6. 川の中の水の運動：開水路の水理

6.1 開水路の流れ ·· 75
   6.1.1 管水路の流れと開水路の流れ 75
   6.1.2 開水路の流れを表す物理量 76
   6.1.3 開水路の流れの種類 77
6.2 等　　　　流 ·· 79
   6.2.1 等 流 と は 79
   6.2.2 平均流速公式 81
   6.2.3 マニングの式を用いた計算 81
6.3 常流と射流 ··· 83
   6.3.1 比エネルギー図における常流と射流 83
   6.3.2 段差を越える流れ 85
   6.3.3 流れの遷移 86
6.4 跳水と段波 ··· 87
   6.4.1 跳　　　水 87
   6.4.2 段　　　波 90
6.5 不等流の水面形 ·· 92
   6.5.1 不等流を表す基礎方程式 92
   6.5.2 限界勾配と緩勾配水路・急勾配水路 94
   6.5.3 緩勾配水路・急勾配水路の水面形 95
   6.5.4 水面形の具体例と描き方 97
6.6 不 等 流 計 算 ·· 101
   6.6.1 不等流計算の基本的な考え方 101
   6.6.2 常流・射流と不等流計算 102

6.7 非定常流 ･･ 104
演習問題 ･･･ 106
引用・参考文献 ･･ 109

7. 海の中の水の運動：波の水理

7.1 水面の波の運動 ･･ 110
   7.1.1 波の諸元 *111*
   7.1.2 波の性質 *111*
   7.1.3 波の分類 *112*
7.2 波の理論と変形 ･･ 113
   7.2.1 微小振幅波理論 *113*
   7.2.2 波の波長と波速 *116*
   7.2.3 水粒子の運動速度とその軌跡 *118*
   7.2.4 波のエネルギーとその輸送 *119*
   7.2.5 波の変形 *121*
7.3 ラディエーション応力 ･･･ 124
演習問題 ･･･ 124
引用・参考文献 ･･ 125

8. 模型実験と相似則

8.1 水理模型実験 ･･ 126
8.2 相似則 ･･ 127
8.3 フルード相似則 ･･ 127
8.4 レイノルズ相似則 ･･ 128
8.5 次元解析 ･･ 129
演習問題 ･･･ 131

9. 水理学の応用

9.1 災害への対応 ･･ 132
   9.1.1 河川洪水 *132*
   9.1.2 津波 *134*
   9.1.3 高潮 *138*

9.2 環境問題への対応 …………………………………………………………… 141
  9.2.1 海 面 上 昇 141
  9.2.2 密度流，塩水遡上 142
  9.2.3 地　下　水 144
  9.2.4 水　　　質 146
演 習 問 題 ………………………………………………………………………… 148
引用・参考文献 …………………………………………………………………… 149

付　　　録 …………………………………………………………………… 150
  A.1 覚えておくべき二つのパラメータと五つの数式 ……………………… 150
  A.2 主要な水理学関連用語の日英対訳表 …………………………………… 151
  A.3 水理学の歴史年表 ………………………………………………………… 152

演習問題解答 ………………………………………………………………… 154
索　　　引 …………………………………………………………………… 186

---コラム---

コラム1	水理学という学問分野と実社会 ………………………………… 12
コラム2	浮体の水理学，土木工学と船舶工学の境界領域 ……………… 24
コラム3	管路の設計と水理学 ……………………………………………… 69
コラム4	河川の計画と水理学（開水路の水理）………………………… 82
コラム5	河川施設の設計と水理学 ……………………………………… 104
コラム6	高度な氾濫解析と水理学 ……………………………………… 105
コラム7	海岸防災・地域の防災と水理学 ……………………………… 139
コラム8	高潮の常識を変えた台風ハイヤン …………………………… 140
コラム9	感潮域の水理 …………………………………………………… 143

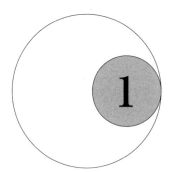

1 水理学を用いてなにができるのか

　水理学では，土木工学分野をはじめとして，その関連分野である都市工学，都市基盤学，社会環境工学などの分野へ流体力学を応用するための準備をします．具体的には人間生活と深く結びついている水の流れに着目します．平時には人間生活に欠かせない水を供給してくれる川が，台風の来襲時には人間を襲う荒れ狂う川になることもあります．恵みと脅威という二つの側面を持つ水の流れを人間がうまく制御することは水理学を使ってよく考えないとできません．

　水を生活に使うことは有史以来の定住を始めた人類の課題でしたので，経験工学としての土木工学は文明の始まりとともに昔からありました．経験則に基づく伝統的な工法を 18 世紀以来の古典力学を用いて合理的に再編し，建設の理論を流体力学を用いて精緻化してきたのが現在の水理学ということができます．

　一方で水理学は水の動きを観察する基本的な態度がニュートンの質点の力学とは違うために，高校の物理を学んできた人には観察者としての態度を変えてもらう必要があります．高校時代には，質点の動きに着目してその動きを追いかけていました（**ラグランジュ流の記述**（Lagrangian description）といいます）．ところが，川の流れを観察する際には，川岸に立ち止まって視点を固定し，通り過ぎていく水の動きに着目し，流れてくる水の粒子をつぎつぎと変えながら観察することになります（**オイラー流の記述**（Eulerian description）といいます）．この違いは運動方程式の表記のしかた自体を変えてしまうために，しばしば初学者が水理学を理解するのを妨げる原因になります．

　水理学では一般の古典物理学と同じように，静止している水については力の釣合い，動いている水については質量，運動量，エネルギーの**三つの保存則**（three conservation laws）を用いて問題を解くことになります．ただし，エネルギーの保存則については運動量の保存則を場所的に積分して得られる力学的なエネルギーの保存則であるベルヌイの定理を使います．運動量の保存則と力学的エネルギーの保存則はたがいに独立ではないために，連立することはできません．したがって，問題を解く際には，① 質量の保存則と運動量の保存則を連立して解く，あるいは ② 質量の保存則と力学的エネルギーの保存則を連立して解くかの二者択一となります．

1. 水理学を用いてなにができるのか

水理学は古典力学（ニュートン力学）の応用分野ですので，**古典力学パラダイム**（paradigm of classical mechanics）の指定する三つの過程を踏んで，論証を進めていきます。

（1） 水理現象を詳細に観察して，その挙動を数式で表現しようとします。その際，時間的あるいは場所的な変化量に着目するため，数式は流速などの物理量を時間的あるいは場所的に微分した微分方程式になります。

（2） 微分方程式の解を求めます。その方程式が連立する複数の偏微分方程式系で表される場合には，解を求めるのは容易ではなく，（仮定をおいて線形化したり，非線形で解けない微分方程式の解をべき級数で近似する）摂動法などの手法を用いて解を求めることになります。その際，数学的には複数の解がある中で，物理的な考察によって解を選択していくことが必要になります。

（3） 求めた解が現象をうまく説明しているかを水理実験によって確かめます。多くの大学では水理実験が講義科目のほかに設けられていると思います。

水理学を深く理解するには問題を解くことが欠かせません。本書では演習問題をたくさん用意して，その詳細な解答を巻末に掲載しています。初期の段階では演習問題の数値を変えて，解答に倣って計算をしてみてください。水理学の習熟は，問題解答の習作（類似の問題の解答を見ながら，自分で理解して問題の解を作っていく）から始まるということを覚えておいてください。

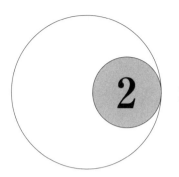

2 力の釣合いと三つの保存則

　流体力学を用いて水の運動を解析する際には，運動していない水では力の釣合いを用い，運動している水に対しては，質量，運動量，力学的エネルギーの三つの物理量の保存則を用います．本章では，水理学で扱うさまざまな問題に対して，これら三つの中からどれを用いればよいのか，そして三つの保存則はそれぞれどのように導かれるのかについて学習します．

2.1　水理学の観察方法

　水の運動を扱う水理学では，まず観察断面を定めます．運動に変化が生じている場所の前後に観察断面を定めて，その間でどのような変化があるのかを考えるのが最も基本的な観察方法です．この観察方法は，**オイラー流の観察方法**（Eulerian method）と呼ばれています．初学者にとって水理学がほかの諸分野よりも難しく感じられるのは，この観察方法に由来しています．高校の物理で最初に学習した物体の落下運動などに見られる観察方法は，一つの質点に注目し，その運動を質点と一緒に移動しながら観察するというもので，**ラグランジュ流の観察方法**（Lagrangian method）と呼ばれています．二つの観察方法の名前はそれぞれ，スイスの数学者・物理学者オイラー（L. Euler, 1707-1783）とフランスの数学者・物理学者ラグランジュ（J. L. Lagrange, 1736-1813）にちなんでいます．

　図 2.1 に運動している水を二つの観察方法で観察したときの違いを示します．ラグランジュ流の観察方法（図（a））では，注目する水の粒子を定めて，その運動を観察者が追いかけていくために，観察者の位置は水の粒子の移動にともなって時々刻々と移動していくこ

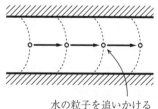

（a）ラグランジュ流の観察方法

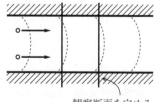

（b）オイラー流の観察方法

図 2.1　ラグランジュ流とオイラー流の観察方法の違い

とになります。一方で，オイラー流の観察方法（図（b））では，観察する場所を定めているために，観察する水の粒子は時々刻々と変わっていくことになります。13世紀のはじめに鴨長明が著した随筆『方丈記』の冒頭には，「ゆく河の流れは絶えずして，しかももとの水にあらず。」という記述がありますが，オイラー流の観察方法ではまさにこのような視点で水の運動を観察することになります。

2.2 力の釣合い

水理学では，動いていない水に関する問題を扱うこともあります。そのような場合に問題を解くには，力の釣合いを用います。力が釣り合っていると合力が0となり，加速度がないために運動は始まりません。考慮する力は重力，水の圧力，浮力などです。

また，静止した水の場合でも**図2.2**に見られるように，水上に浮いている物体の安定性を考えるときには浮力と重力の大きさと作用点が違うことによる回転モーメントを考慮する必要があります。図では回転モーメントは復元力として働いていますが，傾心が重心よりも下にあるとモーメントが浮体を不安定にする方向に働き，浮体は転覆してしまうことになります。

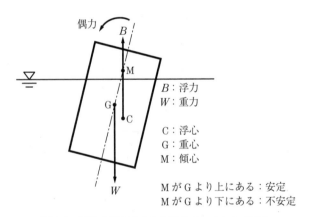

図2.2 浮体の安定を考える際のモーメントの発生

海洋土木工事においては，防波堤を作るためにケーソンと呼ばれる函型のコンクリートや，プラットホームと呼ばれる台状の構造物を用います。これらの構造物は，陸上で製作してから海上にある設置場所まで浮かせて運ぶ必要があります。このように建設の過程で構造物を運んでいるような状況は，最終的に構造物が完成してからの安定性とはまったく異なるため，技術的な仕事をする際には特に注意深く準備をする必要があります。

2.3 三つの保存則とその関係性

古典力学では，物体の運動を分析する際に，運動が変化しつつある状況の中で，不変の量すなわち保存する量に着目することにしています。一般的に，古典力学で保存する量は，**質量** (mass)，**運動量** (momentum)，**エネルギー** (energy) の三つです。これら三つの量が変化する場合であっても，その増えたり減ったりする分を評価できる場合には，これらの量の保存則を用いることができます。

水理学では，**図 2.3** のように運動している水の中に観察するための微小な直方体（1辺の長さが x, y, z 方向にそれぞれ dx, dy, dz の直方体）を置いて，三つの量の保存則（質量の保存則，運動量の保存則，エネルギーの保存則）を表す式を導きます。これらの式は，時間 t と空間座標 (x, y, z) の四つを変数に持つ，流速の x 成分 u，y 成分 v，z 成分 w と圧力 p を含む式になります。

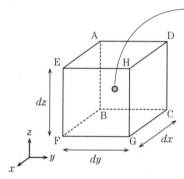

中心において
流速 (u, v, w)，圧力 p

各面における物理量の求め方： 例えば，面 ABCD における流速の x 成分は，面が直方体の中心から x 方向に $-dx/2$ の位置にあるので，流速の x 成分 u の x 方向変化率 $\partial u/\partial x$ を用いて
$$u + \frac{\partial u}{\partial x}\left(-\frac{dx}{2}\right)$$
となる。同様に，面 EFGH における流速の x 成分は
$$u + \frac{\partial u}{\partial x}\frac{dx}{2}$$
となる。

図 2.3 観察するための微小な直方体

ただし，三つの量の保存則のうち，運動量の保存則とエネルギーの保存則は，たがいに独立ではないことに注意が必要です。水理学では，一般に，水の圧縮性を無視する（すなわち，圧力や温度によって水の**密度** (density) は変わらないと考える）ため，熱力学におけるエネルギーの保存則である気体の状態方程式を用いる必要がなく，力学的なエネルギーの保存則である**ベルヌイの定理** (Bernoulli's theorem) を用いることにしています。この名前は，スイスの数学者・物理学者ダニエル・ベルヌイ (D. Bernoulli, 1700-1782) にちなんでいます。ベルヌイの定理は，運動量の保存則を表す式を場所的に積分して求めることができます。そのため，水理学では，運動量の保存則と（力学的）エネルギーの保存則を連立して用いることはできません。

したがって，水理学の問題を解く際には，つぎの二つの方法からいずれか一つの方法を選

ぶ必要があります。
（1） 質量の保存則と運動量の保存則を連立して解を求める。
（2） 質量の保存則と（力学的）エネルギーの保存則を連立して解を求める。
以下に，三つそれぞれの保存則を表す式について説明します。

2.3.1 質量の保存則

運動している水の中の微小な直方体に，質量の保存則を適用します。この直方体に時間 dt の間に各面から流入する水の質量と流出する水の質量を，漏らさずかつ重複しないように計量すると，その総量は直方体内の質量の変化，すなわち，密度の変化ということになります。しかし，前述したように，水理学では水の密度は変わらないと考えるため，直方体内の質量は変化しないと考えます。直方体の各面から流出入する水の質量は，**図 2.4** のように表されるので，水の密度を ρ として質量の保存則を式で表すと，式 (2.1) のようになります。

直方体に流入する水の質量 − 直方体から流出する水の質量 = 0

$$\left\{\rho\left(u-\frac{\partial u}{\partial x}\frac{dx}{2}\right)dydzdt + \rho\left(v-\frac{\partial v}{\partial y}\frac{dy}{2}\right)dzdxdt + \rho\left(w-\frac{\partial w}{\partial z}\frac{dz}{2}\right)dxdydt\right\}$$
$$-\left\{\rho\left(u+\frac{\partial u}{\partial x}\frac{dx}{2}\right)dydzdt + \rho\left(v+\frac{\partial v}{\partial y}\frac{dy}{2}\right)dzdxdt + \rho\left(w+\frac{\partial w}{\partial z}\frac{dz}{2}\right)dxdydt\right\} = 0 \quad (2.1)$$

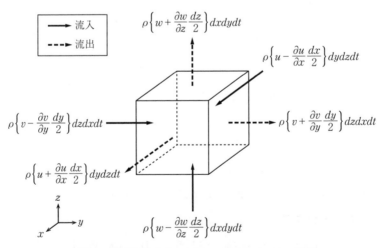

図 2.4　微小な直方体の各面から流出入する水の質量

これを整理すると次式が得られます。

$$\frac{\partial u}{\partial x}+\frac{\partial v}{\partial y}+\frac{\partial w}{\partial z}=0 \quad (2.2)$$

式 (2.2) は，水の運動の**連続式**または**連続方程式**（equation of continuity）と呼ばれています。

水理学では，ある断面を単位時間当りに通過する水の体積を**流量**（discharge）といいます。流れの断面積を A，流速を v とすると流量 Q は $Q = vA$ となります。以降の章で学習しますが，連続式は実際には式 (2.2) の形式ではなく，流れの中に定めた二つの観察断面での流量が等しくなるという式が用いられます（**図 2.5** 参照）。

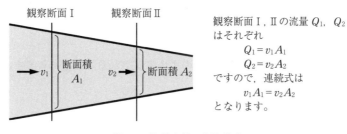

図 2.5 流量を用いた連続式

2.3.2 運動量の保存則（微視的に観察した場合）

質量の保存則と同様に，今度は，運動している水の中の微小な直方体に，ニュートンの運動の第 2 法則「運動量の時間的な変化は力である」を適用し，いわゆる**運動方程式**（equation of motion）を導きます。質点の運動におけるニュートンの運動の第 2 法則は

$$m \frac{dv}{dt} = F \tag{2.3}$$

もしくは

$$ma = F \tag{2.4}$$

と表されます。ここで，m は質点の質量，v と a は質点の速度と加速度，F は質点に作用している力です。この式を水の中の微小な直方体に適用します。式は x, y, z 方向それぞれについて考える必要がありますが，ここでは x 方向について考えていきます。

まず，質量について考えます。直方体の体積は $dxdydz$ であるので，水の密度を ρ とすると，直方体の質量 m は次式で表されます。

$$m = \rho dxdydz \tag{2.5}$$

つぎに，x 方向の加速度について考えます。流速の x 成分 u は，時間 t と空間座標 (x, y, z) の四つを変数とする関数であるので，u の全微分（各変数を少しだけ増加させたときの u の変化量）du は

$$du = \frac{\partial u}{\partial t} dt + \frac{\partial u}{\partial x} dx + \frac{\partial u}{\partial y} dy + \frac{\partial u}{\partial z} dz \tag{2.6}$$

と表されます。この式の両辺を dt で割ると

$$\frac{du}{dt} = \frac{\partial u}{\partial t} + \frac{\partial u}{\partial x} \frac{dx}{dt} + \frac{\partial u}{\partial y} \frac{dy}{dt} + \frac{\partial u}{\partial z} \frac{dz}{dt} \tag{2.7}$$

となり，これが加速度の x 成分 a_x になります．ここで，流速の各方向成分 u, v, w はそれぞれ

$$\frac{dx}{dt} = u, \qquad \frac{dy}{dt} = v, \qquad \frac{dz}{dt} = w \tag{2.8}$$

と表されることを用いると，a_x はつぎのようになります．

$$a_x = \frac{\partial u}{\partial t} + u\frac{\partial u}{\partial x} + v\frac{\partial u}{\partial y} + w\frac{\partial u}{\partial z} \tag{2.9}$$

これは，微分演算子 D/Dt を用いて，つぎのように表されることもあります．

$$a_x = \frac{Du}{Dt} = \frac{\partial u}{\partial t} + u\frac{\partial u}{\partial x} + v\frac{\partial u}{\partial y} + w\frac{\partial u}{\partial z} \tag{2.10}$$

最後に，作用している力について考えます．いま，水が粘性を持たない（すなわち，水と固体壁の間や水同士の間で速度差による摩擦力が作用しない）と仮定します（粘性については 5.1 節で解説します）．すると，直方体に作用している力は，重力などの質量に比例して作用する力（質量力）と，各面に垂直に作用する水の圧力（**図 2.6**）になります．単位質量当りの質量力の各方向成分を X, Y, Z とすると，作用している力の x 成分 F_x は次式で表されます．

$$F_x = X\rho dxdydz + \left(p - \frac{\partial p}{\partial x}\frac{dx}{2}\right)dydz - \left(p + \frac{\partial p}{\partial x}\frac{dx}{2}\right)dydz$$

$$= X\rho dxdydz - \frac{\partial p}{\partial x}dxdydz \tag{2.11}$$

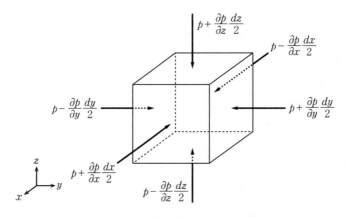

図 2.6 微小な直方体の各面に作用する水の圧力

以上より，x 方向の運動方程式（$ma_x = F_x$）は，式 (2.5)，(2.9)，(2.11) を用いて

$$\rho dxdydz\left(\frac{\partial u}{\partial t} + u\frac{\partial u}{\partial x} + v\frac{\partial u}{\partial y} + w\frac{\partial u}{\partial z}\right) = X\rho dxdydz - \frac{\partial p}{\partial x}dxdydz \tag{2.12}$$

と表すことができ，これを整理すると次式が得られます．

$$\frac{\partial u}{\partial t}+u\frac{\partial u}{\partial x}+v\frac{\partial u}{\partial y}+w\frac{\partial u}{\partial z}=X-\frac{1}{\rho}\frac{\partial p}{\partial x} \tag{2.13}$$

同様に，y 方向と z 方向の運動方程式も求めることができ，三方向の運動方程式を並べると式 (2.14) のようになります。

$$\frac{\partial u}{\partial t}+u\frac{\partial u}{\partial x}+v\frac{\partial u}{\partial y}+w\frac{\partial u}{\partial z}=X-\frac{1}{\rho}\frac{\partial p}{\partial x} \tag{2.14 a}$$

$$\frac{\partial v}{\partial t}+u\frac{\partial v}{\partial x}+v\frac{\partial v}{\partial y}+w\frac{\partial v}{\partial z}=Y-\frac{1}{\rho}\frac{\partial p}{\partial y} \tag{2.14 b}$$

$$\frac{\partial w}{\partial t}+u\frac{\partial w}{\partial x}+v\frac{\partial w}{\partial y}+w\frac{\partial w}{\partial z}=Z-\frac{1}{\rho}\frac{\partial p}{\partial z} \tag{2.14 c}$$

この式は，**オイラーの方程式**（Euler equations）と呼ばれています。式中の各項は加速度の次元をもち，左辺の第 1 項は非定常項，第 2 項から第 4 項は**移流項**（convection term），右辺の第 1 項は質量力項，第 2 項は圧力項とそれぞれ呼ばれています。移流項はオイラー流の観察をすることによって付け加わったものです。

オイラーの方程式は，水が粘性を持たないと仮定して求めました。水理学で扱う問題には，水が粘性を持たないと仮定してよいものも多くあり，この式を出発点として多くの現象を分析することができます。しかし，実際には水は粘性を持っており，より詳細な水の運動を分析する際には，粘性を考慮した運動方程式を用いる必要があります。粘性を考慮する場合には，直方体に作用している力として，**図 2.7** に示すように，各面に垂直に作用している垂直応力 σ と各面に平行に作用しているせん断応力 τ を考える必要があります。図の各応力の添え字は力が作用する面と力の方向を表しています。例えば，τ_{xy} の一つ目の添え字 x は x 軸に垂直な面に作用することを，二つ目の添え字 y は y 方向の力であることを表しています。

粘性によって直方体に作用している垂直応力とせん断応力を踏まえて，x, y, z の三方向に

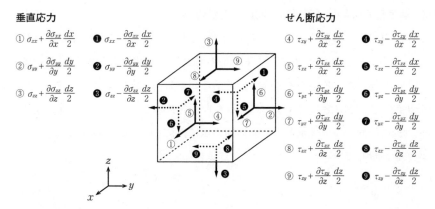

図 2.7 粘性を考慮した場合に微小な直方体の各面に作用している力

ついて粘性を考慮した運動方程式を求めると，式 (2.15) が得られます．

$$\frac{\partial u}{\partial t} + u\frac{\partial u}{\partial x} + v\frac{\partial u}{\partial y} + w\frac{\partial u}{\partial z} = X - \frac{1}{\rho}\frac{\partial p}{\partial x} + \nu\left(\frac{\partial^2 u}{\partial x^2} + \frac{\partial^2 u}{\partial y^2} + \frac{\partial^2 u}{\partial z^2}\right) \qquad (2.15\,\text{a})$$

$$\frac{\partial v}{\partial t} + u\frac{\partial v}{\partial x} + v\frac{\partial v}{\partial y} + w\frac{\partial v}{\partial z} = Y - \frac{1}{\rho}\frac{\partial p}{\partial y} + \nu\left(\frac{\partial^2 v}{\partial x^2} + \frac{\partial^2 v}{\partial y^2} + \frac{\partial^2 v}{\partial z^2}\right) \qquad (2.15\,\text{b})$$

$$\frac{\partial w}{\partial t} + u\frac{\partial w}{\partial x} + v\frac{\partial w}{\partial y} + w\frac{\partial w}{\partial z} = Z - \frac{1}{\rho}\frac{\partial p}{\partial z} + \nu\left(\frac{\partial^2 w}{\partial x^2} + \frac{\partial^2 w}{\partial y^2} + \frac{\partial^2 w}{\partial z^2}\right) \qquad (2.15\,\text{c})$$

ここで，ν は**動粘性係数**（coefficient of kinematic viscosity）と呼ばれる粘性の程度を示す定数です．式 (2.15) とオイラーの方程式（式 (2.14)）を見比べると，式 (2.15) はオイラーの方程式の右辺に新たな項が加わった形になっていることがわかります．この項は，粘性の影響を示す項であるので，粘性項と呼ばれています．式 (2.15) は，**ナビエ・ストークスの方程式**（Navier-Stokes equations）と呼ばれ，水の粘性を考慮して現象を分析する際に用います．ナビエ・ストークスの方程式の詳細な導出過程については，あらためて 5.2 節で学習します．

　粘性を持つ水の運動は，整然とゆっくり流れる**層流**（laminar flow）と，不規則な変動（乱れ）をともなって激しく流れる**乱流**（turbulent flow）とに分けられます．層流と乱流はともにナビエ・ストークスの方程式を用いて分析することができます．しかし，乱流を分析する際には，不規則な変動を含む運動の詳細にわたる特徴を知りたい，というよりも，その運動の平均的な特徴を知りたい，ということも多くあります．このような場合は，ナビエ・ストークスの方程式ではなく，これを時間的に平均化することで得られる**レイノルズの方程式**（Reynolds equations）という式を用います．レイノルズの方程式は不規則な変動を含まない時間平均化された流速 $\overline{u}$, $\overline{v}$, $\overline{w}$ と圧力 $\overline{p}$ を含む式になっています．層流と乱流の概念や，レイノルズの方程式の詳細な導出過程については，それぞれ 5.3, 5.4, 5.5 節で学習します．

2.3.3　運動量の保存則（巨視的に観察した場合）

　開水路の流れにおける跳水と呼ばれる現象（6.4.1 項で学習します）などを分析する場合には，ニュートンの運動の第 2 法則「運動量の時間的な変化は力である」を直接適用します．その際，前述した水理学の常とう手段である観察断面を定めるという方法を用います．跳水の分析の場合，図 2.8 に示すように，観察断面を跳水が生じている前後に定め，両断面間での運動量の時間的な変化量と，両断面間の水に作用している力の合力が等しいとすることで，現象を分析します．

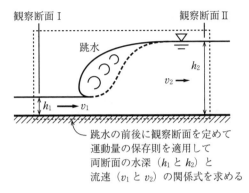

図 2.8 跳水への運動量の保存則の適用

2.3.4 力学的エネルギーの保存則（ベルヌイの定理）

運動量の保存則であるオイラーの方程式を空間的に積分すると，次式が得られます．

$$\frac{v^2}{2g}+\frac{p}{\rho g}+z = \text{一定 (const.)} \tag{2.16}$$

ここで，v は運動している水の中のある点における流速，p は圧力，z はその点の基準面からの高さです．この式は，水の持つ単位重量当りのエネルギー（すなわち，エネルギーを水の密度 ρ と重力加速度 g の積 ρg で割ったもの）が保存されることを示しており，前述したように，ベルヌイの定理またはベルヌイの式と呼ばれています．

ベルヌイの定理に含まれる各項は，各断面における水の持つエネルギーを長さの次元を持つ**水頭**（water head）と呼ばれる量で表しています．式 (2.16) の第 1 項は**速度水頭**（velocity head），第 2 項は**圧力水頭**（pressure head），第 3 項は**位置水頭**（elevation head），これらすべてを足し合わせたものは**全水頭**（total head）と呼ばれています．運動している水の中のある点に細い管を上から挿し入れると，その点の水の持つ圧力に応じて管の中を水が上昇していきます．また，管の口を流れに向けて曲げるとその点の流速に応じて水は管の中をさらに上昇します．水頭という名称は，この管の中の水位が水の持つエネルギーを表すことに由来します（**図 2.9**）．

水が粘性を持たないと仮定し，流れの中で摩擦などによるエネルギーの損失がないとすると，ベルヌイの定理より，流れの中の各断面の全水頭は等しいと考えることができます．また，エネルギーの損失があったとしても，その損失量を具体的に見積もることができる場合には，その損失量を含めることでベルヌイの定理を用いることができます．これ以降の章で学習しますが，ベルヌイの定理は扱いが簡単であり，水理学で多用される定理です．

例えば，**図 2.10** に示すような管径が途中で変化する管水路にベルヌイの定理を適用すると，各断面で全水頭が求まり，これらの全水頭が摩擦などで失われないとすると，質量の保

12   2. 力の釣合いと三つの保存則

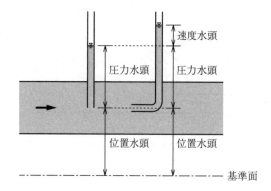

図 2.9 流れに挿し入れた管の中の水位と水頭

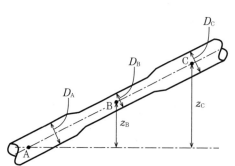

点 A と B における流速，圧力をそれぞれ v_A，p_A と v_B，p_B とすると

連続式： $v_A \times \dfrac{\pi D_A^2}{4} = v_B \times \dfrac{\pi D_B^2}{4}$

ベルヌイの定理： $\dfrac{v_A^2}{2g} + \dfrac{p_A}{\rho g}$
$= \dfrac{v_B^2}{2g} + \dfrac{p_B}{\rho g} + z_B$

であるので，v_A と p_A が既知であれば，v_B と p_B を求めることができます。

点 C における流速 v_C と圧力 p_C も同様に求めることができます。

図 2.10 管水路の流れへのベルヌイの定理の適用

存則（連続式）と連立することで，各断面における流速と圧力を求めることができます。

コラム 1 ：水理学という学問分野と実社会

　大学で本書を教科書として水理学を学んでいる皆さんの多くは，大学を終え実社会に出ると，建設関係の仕事につくことになると思います。筆者は長い間，建設系コンサルタント会社の技術者として河川計画や河川施設の設計を水理学の知識を用いて行ってきました。実社会では大学の講義と違い，解決すべき課題（例えば，「流量が与えられている河川の断面形状を決める」であるとか「浄水場から配水池までの送水管を設計する」などといったもの）があるため，それを水理学の知識などを用いながら解いていきます。前例となる多くの業務があるので，類似した業務の報告書や水理学の教科書を読み返しながら計算をするので，水理学の基礎を理解していれば，誰にでもできる業務です。ただ，実務で難しい点は，大学の試験と違いあらかじめ与えられた正解はないということです。同じ流量を流す河道断面を設計する場合でも，その河川が置かれた自然条件や社会条件で，幅を広くするのか，水深を深くするのか，護岸をするのかなどさまざまな検討をしなければなりません。実社会でのさまざまな場面に対応できるよう，水理学の知識をきちんと習得しておいてください。

演 習 問 題

【2.1】 質点の力学の視点であるラグランジュ流の観察方法と，水理学や流体力学の視点であるオイラー流の観察方法とはどう違うのか，図も交えて説明してください。

【2.2】 教科書あるいはノートを見て（暗記して），教科書とノートを閉じてから，オイラーの方程式（x方向とy方向の二つ）と連続式（質量の保存則）を書いてください。

【2.3】 教科書あるいはノートを見て（暗記して），教科書とノートを閉じてから，ナビエ・ストークスの方程式（x方向）を書き，さらに各項の物理的な意味を書き加えてください。

【2.4】 つぎの各方程式を整理分類し，相互の関係について図示してください。
　　　　　連続式　　　運動量の保存則　　　オイラーの方程式
　　　　　ナビエ・ストークスの方程式　　　レイノルズの方程式　　　ベルヌイの定理

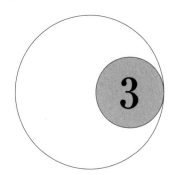

3 動いていない水の力学：静水力学

水の重さによって作用する圧力を水圧といいます。水圧は，動いていない水による圧力（**静水圧**（hydrostatic pressure））と動いている水による圧力（**非静水圧**（non-hydrostatic pressure））に分類できます。本章では，このうち静水圧を取り扱います。この静水圧を考える際には，水は動いていないため，運動量やエネルギーなどの力学的保存則ではなく，力の釣合いを用いて解析します。

3.1 静水圧の導出

水の自重により，水中に存在する物体には圧力がかかります。ここで，動いていない水を想定すると，速度成分 u, v, w はそれぞれ 0 となります。さらに，水平方向（x, y 軸）にかかる圧力 X, Y は 0 となります（図 3.1）。他方で，鉛直方向には重力加速度が働きますので，z 軸方向にかかる圧力 Z は，$-\rho g$ となります。以上を考慮して，x, y, z 軸において，微小区間（$\Delta x, \Delta y, \Delta z$）における微小圧力 Δp との釣合いを考えると式 (3.1) のようになります。

$$\frac{p(x+\Delta x)-p(x)}{\Delta x}=0 \quad (x\text{ 軸方向}) \tag{3.1 a}$$

$$\frac{p(y+\Delta y)-p(y)}{\Delta y}=0 \quad (y\text{ 軸方向}) \tag{3.1 b}$$

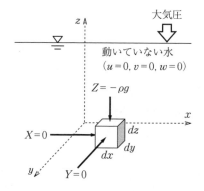

図 3.1　動いていない水における微小要素の力の釣合い

$$\frac{p(z+\Delta z)-p(z)}{\Delta z}=-\rho g \quad (z\text{軸方向}) \tag{3.1c}$$

これらに関して $\Delta x, \Delta y, \Delta z \to 0$ の極限をとると式 (3.2) のようになります。

$$\lim_{\Delta x \to 0}\frac{p(x+\Delta x)-p(x)}{\Delta x}=0 \Leftrightarrow \frac{\partial p}{\partial x}=0 \quad (x\text{軸方向}) \tag{3.2a}$$

$$\lim_{\Delta y \to 0}\frac{p(y+\Delta y)-p(y)}{\Delta y}=0 \Leftrightarrow \frac{\partial p}{\partial y}=0 \quad (y\text{軸方向}) \tag{3.2b}$$

$$\lim_{\Delta z \to 0}\frac{p(z+\Delta z)-p(z)}{\Delta z}=\rho g \Leftrightarrow \frac{\partial p}{\partial z}=-\rho g \quad (z\text{軸方向}) \tag{3.2c}$$

式 (3.2 c) において，不定積分を用いて微分方程式を解くと

$$\frac{\partial p}{\partial z}=-\rho g \Leftrightarrow \int \frac{\partial p}{\partial z}dz = \int -\rho g dz + C\,(\text{定数})$$

$$\Leftrightarrow p=-\rho g z + C\,(\text{定数}) \quad (z\text{軸方向}) \tag{3.3}$$

ここで，水面には大気圧（$P_0=1\,013\,\text{mb}$）などの外部からの圧力が働きます。その水面に働く圧力 P_0 を定数 C として考慮すると，式 (3.3) は式 (3.4) のようになります。

$$p=-\rho g z - P_0 \tag{3.4}$$

式 (3.4) は，静止している流体内部における圧力（静水圧）の算定式です。このような大気圧も含めた水中における圧力を**絶対圧力**（absolute pressure）といいます。また，大気圧を基準として求めた，水中における相対的な圧力のことを**ゲージ圧**（gauge pressure）といいます。

ここからは，ρg をまとめて水の単位体積重量 γ と表記します。さらに，水以外の液体（例えば油など）中で生じる静水圧を考える場合には，比重を考慮する必要があります（**図 3.2**）。式 (3.5) に，比重 S の液体の静水圧 p を示します。

$$p=-S\gamma z - P_0 \tag{3.5}$$

例えば，油における静水圧を考えます。油の比重は 0.9 程度ですので，油による静水圧は

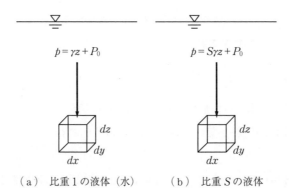

（a）比重 1 の液体（水）　　（b）比重 S の液体

図 3.2　比重 1 の水と比重 S の液体における微小要素にかかる静水圧の大きさ

10％程度減少することになります．このように，静水圧は液体の密度を考慮して求めることにも注意してください．

3.2 平面に作用する水の圧力

3.2.1 平面に作用する圧力の導出

水中に位置する平面に作用する静水圧を考えます．この静水圧を評価するためには，平面全体に作用する静水圧の和（全水圧）と全水圧の作用する位置を求める必要があります．

図3.3のような斜面における均一な平面（面積 A とします）を考えます．ここからは，z 軸を下向きに正とします．ここで，平面において図形の質量が釣り合う点（重心・図心）を点G (z_G, n_G)，全水圧が作用する位置を点C (z_C, n_C) とします．平面の微小区間を dA として，その微小区間に働く静水圧を Δp とすると式 (3.4) より式 (3.6) が成立します（静水圧の問題では，ゲージ圧を用います）．

$$\Delta p = \rho g z dA = \gamma z dA \tag{3.6}$$

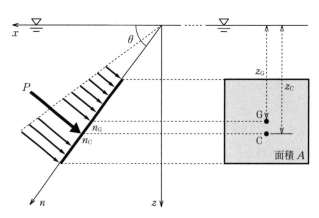

図3.3 面に作用する圧力

さらに，式 (3.6) の左辺の Δp を平面の面積 A で積分すると，平面にかかる全圧力 P のスカラー値を求めることができます．

$$P = \int_A \Delta p = \int_A \gamma z dA = \int_A \gamma n (\sin\theta) dA = \gamma n_G A (\sin\theta) \tag{3.7}$$

式 (3.7) のように，全水圧は図形の重心の水面からの深さと平面の面積，液体の密度に比例します．また，平面が傾斜している場合には，$\sin\theta$ を乗することで静水圧を求めることができます．

つぎに全水圧の作用点を求めます．全水圧の作用点の水面からの位置を n_C としています．すると，式 (3.8) が成立します．

$Pn_C = $ 平面の面積 A にかかる圧力 p によるモーメントの和 (3.8)

式 (3.8) のイメージは**図 3.4** のようになります。式 (3.8) の左辺は、全水圧とその作用点の位置を表しています（図 (a)）。また、式 (3.8) の右辺は、平面にかかる静水圧を部分ごとに考えた際のモーメント群の総和を示しています（図 (b)）。当然ですが、この二つは一致します。

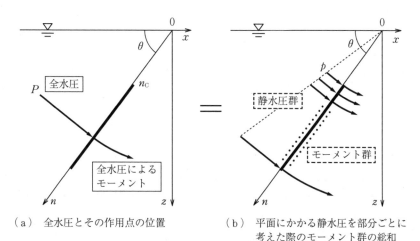

(a) 全水圧とその作用点の位置　　(b) 平面にかかる静水圧を部分ごとに考えた際のモーメント群の総和

図 3.4 全水圧の作用点の考え方

式 (3.8) を積分形式に書き直すと式 (3.9) のようになります。

$$Pn_C = \int_A ndP \tag{3.9}$$

ここで、式 (3.9) に式 (3.7) を用いて、圧力の積分を面積の積分に変換します。

$$Pn_C = \int_A ndP \Leftrightarrow n_C = \frac{\int_A ndP}{P}$$

$$\Leftrightarrow n_C = \frac{\gamma \int_A nz dA}{\gamma n_G (\sin\theta) A}$$

$$\Leftrightarrow n_C = \frac{\int_A n^2 dA}{n_G A} \quad (\because z = n(\sin\theta)) \tag{3.10}$$

ここで、平面の y 軸まわりの**断面二次モーメント** (moment of intertia of area) $\int_A n^2 dA$ を I_n とおきます。ここで、平面の y 軸まわりの慣性モーメントを I_0 とすると、次式が成立します。

$$I_n = n_G^2 A + I_0 \tag{3.11}$$

最後に、式 (3.11) を式 (3.10) に代入して整理すると次式のようになります。

$$n_C = \frac{I_0}{n_G A} + n_G \tag{3.12}$$

このように，作用点の位置は，水面から物体の図心までの距離と物体の慣性モーメントを用いて求めることができます。平面形状の慣性モーメントの値を表3.1にまとめました。この表を用いることで，長方形と三角形，台形，円形の平面に作用する静水圧を求めることができます。

表3.1 図形と中心軸に関する断面二次モーメントの関係

物体の形状	面積	最下端から図心までの距離	中心軸に関する断面二次モーメント
長方形	bh	$\dfrac{h}{2}$	$\dfrac{bh^3}{12}$
三角形	$\dfrac{bh}{2}$	$\dfrac{h}{3}$	$\dfrac{bh^3}{36}$
台形	$\dfrac{h}{2}(a+b)$	$\dfrac{h}{3}\dfrac{(2a+b)}{a+b}$	$\dfrac{h^3}{36}\dfrac{a^2+4ab+b^2}{a+b}$
円形	$\dfrac{\pi D^2}{4}$	$\dfrac{D}{2}$	$\dfrac{\pi D^4}{64}$

3.2.2 長方形斜面にかかる水の圧力（単純化した事例）

ここでは，より単純な事例における，静水圧を求めてみます。図3.5のような傾斜を持つ平面にかかる水面からの単位奥行当りの全水圧を算出します。平面は長方形とします。

最初に斜面上の点にかかる圧力を式(3.5) から求めます。水深をzとすると，式(3.13) が成立します。

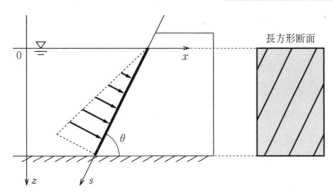

図 3.5 斜面にかかる静水圧

$$p = \gamma z \tag{3.13}$$

さらに，斜面の座標系（s）に変換すると，式 (3.14) のようになります。

$$p = \gamma s (\sin \theta) \tag{3.14}$$

最後に斜面の座標系に沿って定積分して，単位奥行当りの全水圧 P を求めると以下のようになります。

$$P = \int_0^{z/\sin\theta} \gamma s(\sin\theta) ds = \frac{1}{2\sin\theta} \gamma z^2 \tag{3.15}$$

最後に全圧力の作用点を求めます。斜面座標 s における作用点の位置は，式 (3.12) に長方形の慣性モーメント（表 3.1 参照）を代入すると，式 (3.16) のように求めることができます。

$$s_C = \frac{2z}{3\sin\theta} \tag{3.16}$$

この式を用いて，斜面上の全水圧の大きさと作用点を求めることができます。ここで，斜面ではなく鉛直な壁面を考慮した場合には，$\theta = 90°$ となります。したがって，全水圧の作用点は水底から 1/3 の点に位置することになります。これは，物体の図心の位置（1/2）よりも下に位置しています。先述しましたが，物体にかかる全水圧の位置は，図心よりも下になります。演習問題を解いた後には，この関係を用いて自身の解答の整合性を確認するとよいです。

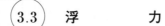

3.3 浮　　　　力

浮力（buoyant force, buoyancy）は水中に存在している物体に働く上向きの力です。古代ギリシア時代にアルキメデスが浮力を発見したとされています。ところで，浮力は上向きに働くため，静水圧とはまったく異なる力のような気がします。しかし，浮力は水中の物体に

静水圧が働いたことによって発生する力なので，静水圧による力の一つといえます。

　動かない液体に浸っている物体は液体より静水圧を受けます。浮力の簡単な説明としては，物体の下端に作用する静水圧が上端（浮いている物体の場合は水面）に作用する静水圧よりも大きいために発生する力とすることができます。浮力の大きさは，物体が液体を排除した容積に相当する液体の重量になります。浮力の作用点（浮心）は，物体の重心と同じ鉛直方向にあり，物体の沈んでいる部分の容積の重心にあります。

　静水圧を用いて浮力の大きさを求めてみます。図3.6のような水中に沈んでいる直方体（辺の長さはそれぞれ X', Y', Z'，上面の水深を D とします）について考えます。この直方体の上部と下部にかかる静水圧はそれぞれ

　　　　上面に作用する全水圧の大きさ $= \gamma D X' Y'$ 　　　　　　　　　　　　　　　(3.17)

　　　　底面に作用する全水圧の大きさ $= \gamma (D + Z') X' Y'$ 　　　　　　　　　　　(3.18)

となります。このように，底面に作用する全水圧のほうが大きいことになります。したがって，全水圧の鉛直成分は上向きを正とすると

　　　　直方体にかかる全水圧

　　　　　$= -$(上面に作用する全水圧) $+$ (底面に作用する全水圧)

　　　　　$= -\gamma D X' Y' + \gamma (D + Z') X' Y' = \gamma Z' X' Y'$ 　　　　　　　　　　　(3.19)

となりますので，先述したように，沈んでいる物体の容積に相当する水の重量が浮力の大きさとなり上向きに作用します。浮力は水中に存在する物体すべてに作用します。例えば，船などが水面に浮いているのも浮力が作用するためといえます。また，工学上の問題として，浮力によって水面に浮いている物体のバランスを保つことは重要です。次節では，どのような場合にバランスを保つことができるのかを具体的な事例を用いて考えます。

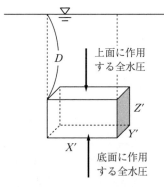

図3.6　浮力による力

3.4 浮体の安定

3.4.1 浮体の種類

重量と浮力が釣り合う条件下では，重心と**浮心**（center of buoyancy）の相対的な位置の関係が重要です。**図3.7**に示すような長方形断面を持つ直方体と球体を考えます。そして，直方体の傾きを変化させた3ケース（図（a）〜（c））と，特殊な2ケース（図（d），（e））を考えます。ここで，重心と浮心の位置と浮体のバランスについてつぎのように考えます。

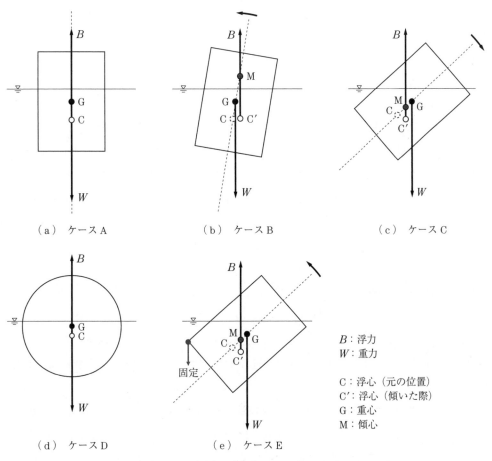

図3.7 さまざまな状態における浮体の釣合い

ケースA：物体の浮心と重心が，鉛直線上に位置しています。この場合には，浮体は安定しており，外部からの力が働かない限り静止しています。釣合いの条件は単純であり，物体の重さをW，物体が排除した水の容積をVとすると式（3.20）のようになります。

$$W = \gamma V \tag{3.20}$$

ケース B：浮体を少し右側に傾けた場合を考えます。重心と右側にずれた浮心によって，反時計回りのモーメントが発生します。このモーメントの方向は，物体を元の位置に戻そうとする方向になります。このように元に戻ろうとする際に働く力を復元力といいます。さらに，傾心が重心よりも上方に位置しています。この場合，物体は元の状態に戻るため，浮体は安定しているといいます。

ケース C：物体をさらに傾けた場合を考えます。この場合は，重心とケース B に比べて左側にずれた浮心によって時計回りのモーメントが発生します。さらに，傾心が重心よりも下方に位置しています。物体は時計回りに回転するため，元の状態に戻ることはありません。よって回転して浮体は転倒します。この場合は，浮体は不安定であるといいます。

以上のように**浮体の安定**（stability of floating body）には，重心と浮心の位置による働くモーメントの方向が重要になります。つぎに，球体と固定された点を持つというような特殊な状況を考えます。

ケース D：球体が水面に浮かんでいる場合には，つねに重心と浮心が鉛直方向に並んでいます。これはケース A と同様であり，物体は回転することなくつねに安定しています。

ケース E：ケース C に固定点が存在する場合を考えます。この固定点により，時計回りの回転は抑えられて，静止する場合があります。このような条件を束縛条件といいます。この場合には，固定点のモーメント（束縛条件によるモーメント）も計算に含めて，浮体の安定を考慮する必要があります。

3.4.2 安定条件の評価

安定条件を評価するために，**傾心**（metacenter）を導入します。傾心は，傾いた状況における浮心を鉛直方向に伸ばした際に，重心を通る OB′ 線の延長線上とぶつかる点です。この傾心の位置が，重心よりも上の場合は安定します。他方で下に位置する場合には，不安定です。

つぎに，この傾心の位置を直方体の事例（**図 3.8**）を用いて求めます。最初に，この傾心の位置を求めるために，新しい浮心 U′ の位置を求める必要があります。この新しい浮心 U′ の位置は，元の浮心 U の位置からのずれ（ε, δ）を用いることで求めることができます。まずは ε を求めます。ε は x 軸を基準とした変位なので，z 軸まわりの直方体 ACED の体積モーメントを用いて求めます。

$$\begin{aligned}
&\text{直方体 ACED の体積モーメント}\,(z\text{軸まわり})\\
&= -\text{三角形 A'AO の体積モーメント} + \text{三角形 CC'O の体積モーメント}\\
&\quad + \text{直方体 A'CED の体積モーメント}
\end{aligned} \tag{3.21}$$

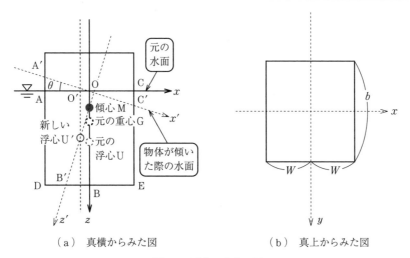

(a) 真横からみた図　　　　(b) 真上からみた図

図 3.8 浮体の安定の例

式 (3.21) をもとにして，直方体の体積モーメントを求めると式 (3.22) のようになります。

直方体 ACED の体積モーメント

$$= -\int_{-w}^{0} (\tan\theta)xbdx\cdot(-x) + \int_{0}^{w} (\tan\theta)xbdx\cdot(x) + 0$$

$$= \tan\theta \int_{-w}^{w} x^2 bdx = \tan\theta I_y \tag{3.22}$$

ここで，直方体 ACED の z 軸まわりの体積モーメントは εV（V：物体の体積）とも表記できるので，式 (3.23) が成立します。

$$\varepsilon = \frac{\tan\theta I_y}{V} \tag{3.23}$$

つぎに，δ を求めます。δ は z 軸方向における変位なので，x 軸まわりの傾いた直方体 ACED の体積モーメントを用いて求めます。この際に，考慮するべき体積モーメントは，z 軸の場合と同様に，三角形 A'AO と三角形 CC'O の体積モーメントです。ここで，O と U，O' と U' の距離をそれぞれ，L_{OU}，$L_{\mathrm{O'U'}}$ とすると

$$L_{\mathrm{OU}}V = (L_{\mathrm{O'U'}} - \delta)V = L_{\mathrm{O'U'}}V - \tan\theta \int_{-w}^{w} x^2 bdx \left(\frac{1}{2}\tan\theta\right)$$

$$= L_{\mathrm{O'U'}}V - \frac{(\tan\theta)^2 I_y}{2} \tag{3.24}$$

となるので，式 (3.25) が成立します。

$$\delta = \frac{(\tan\theta)^2 I_y}{2V} \quad (\because L_{\mathrm{OU}} - L_{\mathrm{O'U'}} = \delta) \tag{3.25}$$

このようにして，新しい浮心 U' の位置を求めることができます。最後に，**安定の条件**

(stability condition) を導きます。傾心 M の位置が物体の安定には重要になるので，MG と GU の距離をそれぞれ，L_{MG}，L_{GU} とおきます。ここで，浮体の安定には x 軸からの距離が重要ですので，変位 ε について考えます。

$$\varepsilon = (L_{MG} + L_{GU} - \delta) \tan \theta \tag{3.26}$$

さらに，式 (3.26) に式 (3.23) と式 (3.25) より得られた変位を代入すると，式 (3.27) のようになります。

$$\frac{\tan \theta I_y}{V} = \left[L_{MG} + L_{GU} - \frac{(\tan \theta)^2 I_y}{2V} \right] \tan \theta \tag{3.27}$$

ここで，L_{MG} の位置に関してまとめると式 (3.28) が成立します。

$$L_{MG} = \frac{I_y}{V} \left[1 + \frac{(\tan \theta)^2}{2} \right] - L_{GU} \tag{3.28}$$

最後に，浮心 M が重心 G よりも上にあるときに，浮体は安定であるので

$$\frac{I_y}{V} \left[1 + \frac{(\tan \theta)^2}{2} \right] > L_{GU} \tag{3.29}$$

となる場合において，安定となります。

式 (3.29) を解釈すると，y 軸まわりの断面二次モーメントが大きいほど，安定になります。さらに，例えば，重心が上にあるといったように，重心と浮心の位置が離れているほど，不安定になります。このように，浮体の傾きの安定条件に関しては，水平方向（水面）と鉛直方向軸（傾く前の物体の中心軸）における体積モーメントを用いることで，安定条件を導くことができます。より一般化した浮体の安定の取り扱いに関しては，本章末の文献 1) を参照することをお勧めします。

コラム 2：浮体の水理学，土木工学と船舶工学の境界領域

　水理学や水文学など水を扱う分野では，さまざまな他分野との境界域の問題に直面することが多いように思います。土木技術者が船舶技術者同様の検討を求められる場面の一つがケーソンの曳航や設置の検討です。ケーソンとは隔壁を有するコンクリートの函で，通常陸上のヤードで製作し，大型のクレーン船などで曳航し，港や海岸に設置します。海上を曳航する際は，ケーソンの隔壁内を空に近い状態にして，浮かして現場まで運びます。現場に到着したら海水を注水し，その後砂を投入し，コンクリートで蓋をして十分な重量を確保して設置します。曳航ケーソンが転覆するようなことが万が一にも起こらないよう，3.4 節で扱った浮心，重心，傾心を緻密に計算し，作業のすべての過程で浮体の十分な安定性を確認する必要があります。高波や強い風が吹いている状況での曳航作業は非常に危険です。また，締切護岸の最終の函を設置するときには強い潮流が流れ込み作業が難航することがあります。水理学の知識はこのような検討には必要不可欠ですが，万能ではありません。大きな工事になるほど立ち止まる判断は難しいはずですが，理論を過信せず，自然の力をつねに畏れて，安全最優先の判断をとる姿勢が土木技術者に求められています。

演　習　問　題

- 【3.1】 大気圧を1 013 hPaとするとき，水面下10 mにおける絶対圧力とゲージ圧を求めてください。また，オイル（比重：0.9）の場合における水深10 mにおける絶対圧力とゲージ圧を求めてください。ここでは，水の密度を1.0 g/cmとします。
- 【3.2】 問図3.1のように壁面が止水（水深：10 m）しています。この壁面の底辺の幅は5 mとします。この壁面の形が，長方形の場合（ケース（a））と，三角形の場合（ケース（b））の場合における全水圧とその作用点の位置を求めてください。

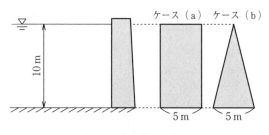

問図 3.1

- 【3.3】 問図3.2のような60°の斜面勾配を持つ長方形壁面に混相液体が存在しています。ここで上層と下層の液体の密度をそれぞれ ρ_1 と ρ_2 とします。この斜面にかかる全水圧とその作用点の位置を求めてください。

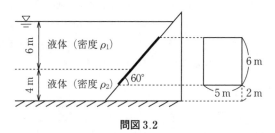

問図 3.2

- 【3.4】 問図3.3のように，円弧（半径：12 m）で止水している状況を考えます。このとき，水深が

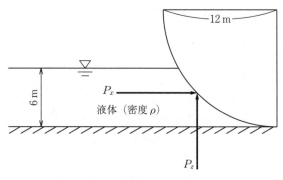

問図 3.3

6 m で液体の密度を ρ とします．このとき，円弧に生じる単位奥行当りの全水圧を水平・鉛直方向に分けて，P_x, P_z を求めてください．また，全水圧が作用する位置も求めてください．

【3.5】 問図 3.4 のように，3 層の液体（高さと密度はそれぞれ，h_1, h_2, h_3 と ρ_1, ρ_2, ρ_3）が止水板の左側に存在します．また，止水板の右側には，1 層の液体（高さと密度はそれぞれ h_4 と ρ_4）が存在しています．この止水板が転倒しないように，水底から h_P の高さの場所に力 P を作用させています（左向きを正とします）．地面と止水板はヒンジで止めてあるとした場合（地面と止水板の間の摩擦は 0 とする）で，さらに止水板の重量を考慮しない場合における力 P を求めてください．

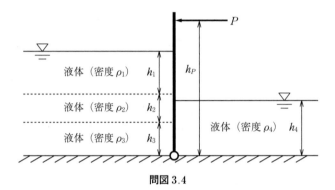

問図 3.4

【3.6】 問図 3.5 のような浮体が水面上で傾くことなく安定しています．この浮体を真上から見ると正方形になっています（ケース A）．この物体の密度が，$0.4\,\mathrm{g/cm^3}$ である場合に，底辺からの沈む量 h_1 を求めてください．さらに 400 kg の重りを載せると，浮体がさらに沈みます．この底辺からの沈む量 h_2 を求めてください．また，円柱形をしている場合（ケース B）でも同様に，重りを載せた場合と載せない場合における釣り合う位置を求めてください．なお，重りを入れたことで，水面は上昇しないものとします．

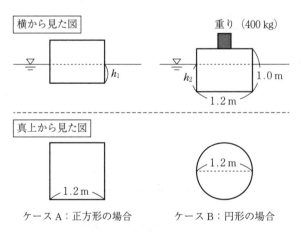

問図 3.5

【3.7】 問図 3.6 のような 10° 傾いた直方体（縦 2.00 m，横 2.00 m，奥行 1.00 m）の浮体が存在します。ケース A では，密度が 0.800 g/cm³ で一様です。ケース B の物体の下部分は密度が 1.20 g/cm³ となっています。ケース A とケース B について，これらの浮体は安定か，不安定かを判別してください。

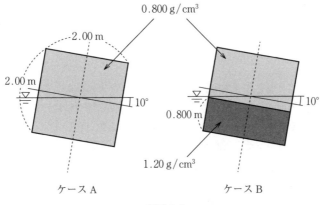

問図 3.6

【3.8】 問図 3.7 のような束縛条件のある円柱形をした物体を考えます。この物体は，密度 0.6 g/cm³，高さ 4.0 m，半径 2.5 m の円柱形をしています。物体の上には，各辺 1.0 m の立方体の 20 t の重りが中心に搭載されています。また，右端に上方向に引っ張る力（束縛力）P を与えます。柱が 15° 右側に傾いている際に，安定条件を満たすために必要な上向きの力 P を求めてください。

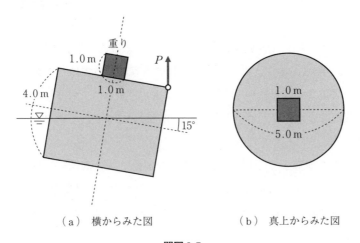

（a） 横からみた図　　　（b） 真上からみた図

問図 3.7

引用・参考文献

1) 吉川秀夫：水理学, pp.75-78, 技報堂出版（1976）
2) 椿　東一郎, 荒木正夫：水理学演習（上），森北出版（1961）

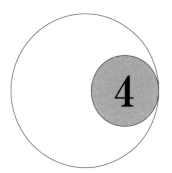

4 粘性のない水の運動：完全流体

　水の運動では圧縮性と粘性が重要な働きをすることもときにはありますが，それらの効果を小さいと想定できる場面がほとんどです．このように，圧縮性や粘性が無視できるほど小さいと仮定した流体を**完全流体**（perfect fluid）または非粘性流体といいます．この完全流体に関しては，線形的な数式を用いてその運動を記述・評価することができます．

　本章で登場するポテンシャル流れは，完全流体を記述する上でよく用いられます．このポテンシャル流れは，流体力学の黎明期において，流れのパターンを一方向流れ，湧出し，吸込み，渦などを重ね合わせて，さらに等角写像などを用いて線形的なイメージとして捉えようと水理学に取り込まれたものです．したがって，ポテンシャル流れの基礎的な運動に関しては，基本的なベクトル方程式や微分方程式を用いて表すことができます．このような記述が可能であるポテンシャル流れを学習することで，流体力学・水理学の初学者は流体の基礎的な運動を頭の中でイメージしながら数式を用いて表現できるようになります．

4.1　ベクトル解析の基礎

　本書においてポテンシャル運動をより深く理解するために，**ベクトル解析**（vector analysis）の基礎を学習します．大学の教育課程の内容によっては，ベクトル解析を学習済みの方もいると思います．これから解説するベクトル解析は，これまで高校で習った数式とは少し表現が異なりますので，戸惑う方もいるかと思いますが，そのような方は数式の決まり事として慣れるようにしてください．

　最初に，基本的な演算子 ∇ を用いて，基本的な運動に関する式を説明します．ここで，演算子 ∇ は式 (4.1) のように定義されています．この**ベクトル演算子**（vector operator）∇ を用いることで，勾配・発散・回転といった基本的な運動に加えて，ラプラスの方程式を記述することができます．

$$\nabla = \vec{i}\frac{\partial}{\partial x} + \vec{j}\frac{\partial}{\partial y} + \vec{k}\frac{\partial}{\partial z} \tag{4.1}$$

　最初に，演算子 ∇ を用いて**勾配**（gradient）を表します．勾配を考える際には，それぞれ x, y, z 軸ごとの傾きを考えます．この勾配を式で示す際には，∇ と**スカラー量**（scalar）の積を考えます．式 (4.2) は，スカラー量を ϕ とした場合における x, y, z 軸方向の勾配を示

しています。

$$\nabla \Phi = \vec{i}\frac{\partial \Phi}{\partial x} + \vec{j}\frac{\partial \Phi}{\partial y} + \vec{k}\frac{\partial \Phi}{\partial z} \tag{4.2}$$

つぎに，演算子 ∇ を用いて**発散**（divergence）を表します．勾配の際には，演算子 ∇ とスカラー量の積を考えましたが，発散の場合には演算子 ∇ と**ベクトル**（vector）$\vec{u}(u,v,w)$ の内積を考えます．この演算子 ∇ とベクトルの内積は，式 (4.3) のようになります．この形は，流体運動における連続式（式 (2.2)）の左辺と同じです．

$$\mathrm{div}\,\vec{u} = \nabla \vec{u} = \frac{\partial u}{\partial x} + \frac{\partial v}{\partial y} + \frac{\partial w}{\partial z} \tag{4.3}$$

また，演算子 ∇ とベクトル $\vec{u}(x,y,z)$ の外積を考えます．この外積の結果は式 (4.4) のようになります．この式は**回転**（rotation, curl）を示しています．流体の回転運動に関しては，4.3 節において図を用いた詳細な説明を行います．

$$\mathrm{rot}\,\vec{u} = \nabla \times \vec{u} = \begin{bmatrix} i & j & k \\ \dfrac{\partial}{\partial x} & \dfrac{\partial}{\partial y} & \dfrac{\partial}{\partial z} \\ u & v & w \end{bmatrix}$$
$$= \vec{i}\left(\frac{\partial w}{\partial y} - \frac{\partial v}{\partial z}\right) + \vec{j}\left(\frac{\partial u}{\partial z} - \frac{\partial w}{\partial x}\right) + \vec{k}\left(\frac{\partial v}{\partial x} - \frac{\partial u}{\partial y}\right) \tag{4.4}$$

最後に演算子 ∇ と演算子 ∇ の内積を考えると以下のようになります．

$$\Delta \equiv \nabla \cdot \nabla = \frac{\partial^2}{\partial x^2} + \frac{\partial^2}{\partial y^2} + \frac{\partial^2}{\partial z^2} \tag{4.5}$$

式 (4.5) は，**ラプラスの作用素**（Laplace operator）といいます．ラプラスの作用素は，物理学では比較的単純な物理場を表す際に多く用いられています．流体の運動においても，ポテンシャル流れを記述する上で必要な作用素です．

これをスカラー量 Φ に作用させると非圧縮性のもとでは，式 (4.6) の**ラプラスの方程式**（Laplace's equation）を得ます．

$$\Delta \Phi = \mathrm{div}\,(\mathrm{grad}\,\Phi) = 0 \tag{4.6}$$

ラプラスの方程式の導出はさまざまな形でできますが，演算子 ∇ を 2 回作用させた例の一つです．以上の数式に関してさらに詳しく勉強したい人は，ベクトル解析の教科書などを参考にして学習してください．

4.2　流線・流跡線

流体の微小部分の運動の軌跡を考えることで，流体運動を理解することができます．流体

が運動している際に，流体中に存在する一つひとつの粒子の通過する経路をなぞって描いた曲線を**流跡線**（streak line）といいます（図 4.1（a））。流体運動の接線が，その点における速度の方向と一致している曲線を**流線**（streamline）といいます（図（b））。

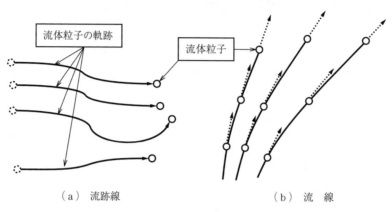

（a） 流跡線　　　　　　　　　（b） 流　線

図 4.1　流跡線と流線の概念

　流れが時間にかかわらず一定である場合の定常流の場合には，流線と流跡線は一致します。これは，同じ流線上を流れる流体粒子が存在するからです。しかし，時間とともに変化する流れである非定常流の場合には，流線と流跡線は一致しません。これは，流体粒子ごとに異なる流跡線上を流れるからです。さらに，流線の特徴としては，定常流の場合ですと流線は時間にかかわらず一定の形を保ちます。他方で，非定常流の場合ですと時間とともに時々刻々と変化して，流線は時間とともに変化します。

　ここで，流線の接線における微小要素 Δs および速度ベクトル $\vec{v}$ は，三次元座標 (x, y, z) 上で表すと式 (4.7)，式 (4.8) のようになります。

$$\Delta s = idx + jdy + kdz \tag{4.7}$$

$$\vec{v} = iu + jv + kw \tag{4.8}$$

上記の Δs と $\vec{v}$ は並行であることが流線の定義です。ここで，x, y, z 軸は独立しているので，流線上では以下の式 (4.9) が成立します。

$$\Delta x : \Delta y : \Delta z = u : v : w \Leftrightarrow \frac{\Delta x}{u} = \frac{\Delta y}{v} = \frac{\Delta z}{w} \tag{4.9}$$

この式における微小区間 $(\Delta x, \Delta y, \Delta z)$ を (dx, dy, dz) として書き直して，各軸の比をとると，式 (4.10) が成立します。

$$-udy + vdx = 0, \quad -vdz + wdy = 0, \quad -wdx + udw = 0 \tag{4.10}$$

式 (4.10) は流れ関数（4.4 節）を考える際に重要ですので，その際に参照してください。

4.3 非回転(渦なし)流れの基礎

非回転(渦なし)流れ (irrotational flow) のことを**ポテンシャル流れ** (potential flow) といいます。そもそも,流体における回転とはどういう意味を持つのでしょうか。回転運動の意味・数式を頭の中でイメージするためには,流体における回転運動を視覚的な情報から数式に落とし込むことが重要です。そのために,最初に流体における回転の物理的意味を本章末の文献1)に従って解説します。

図4.2のように,$x \sim (x+\Delta x)$, $y \sim (y+\Delta y)$ の区間において反時計回りの向きで回転している流体の円盤を考えます。反時計回りに回転しているため,x 軸においては,$v(x)$ よりも $v(x+\Delta x)$ のほうが大きく,y 軸においては $u(y+\Delta y)$ よりも $u(y)$ のほうが大きくなります。

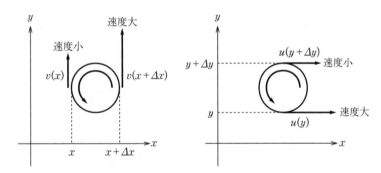

図4.2 流体の回転における流れの方向

この運動をする流体において,x 軸方向の角速度ベクトルは式 (4.11) のようになります。

$$\Omega = \frac{v(x+\Delta x) - v(x)}{\Delta x} \tag{4.11}$$

ここで,Δx は微小区間なので,$\Delta x \to 0$ とした極限を考えます。

$$\lim_{\Delta x \to 0} \frac{v(x+\Delta x) - v(x)}{\Delta x} = \frac{\partial v}{\partial x} \quad (x\text{軸方向}) \tag{4.12}$$

同様に,y 軸方向の角速度ベクトルは式 (4.13) のように表すことができます。

$$\lim_{\Delta y \to 0} \frac{u(y) - u(y+\Delta y)}{\Delta y} = -\frac{\partial u}{\partial y} \quad (y\text{軸方向}) \tag{4.13}$$

したがって,x, y 軸における回転運動 (rot) を示す式は,反時計回りを正とした場合にはつぎの式 (4.14) のようになります。

$$(\text{rot}\,\vec{u})_z = \frac{\partial v}{\partial x} - \frac{\partial u}{\partial y} \tag{4.14}$$

式 (4.14) は二次元流体における流体の回転を示しています。このように二次元流体の回転運動を流体の円盤の回転（図 4.2）より導くことができました。また，式 (4.14) における $(\text{rot}\,\vec{u})_z = 0$ となる場合は，二次元流体における非回転運動を表しています。したがって，式 (4.15) が成立します。

$$u = -\frac{\partial \Phi}{\partial x}, \qquad v = -\frac{\partial \Phi}{\partial y} \tag{4.15}$$

これを連続式に代入することで式 (4.16) を得ることができます。

$$\frac{\partial^2 \Phi}{\partial x^2} + \frac{\partial^2 \Phi}{\partial y^2} = 0 \tag{4.16}$$

このように，速度ポテンシャルを連続式に代入すると，ラプラスの方程式（式 (4.16)）になります。このラプラスの式を満足する関数 Φ を **調和関数**（harmonic function）といいます。そのため，非回転運動の場合には，速度ポテンシャル Φ が存在して，なおかつ調和関数の条件を満たす必要があります。また，流体運動の方程式においてラプラスの作用素が出てきたら，それは非回転運動（図 4.2 のような渦運動が存在しない流れ）であると認識することができます。

4.4 流れ関数

これまでは，非回転運動をする流れにおける，速度ポテンシャルを求めました。流体の速度を一つの関数から求めることができるとき，その関数を **流れ関数**（stream function）といいます。本節では非圧縮性流体の二次元定常流を例として，流れ関数を求めます。この流れ関数を求めることで，速度ベクトルを算出することができます。

最初に，非圧縮性流体の二次元定常流の場合における，流線の方程式は式 (4.10) より，次式のようになります。

$$-u\,dy + v\,dx = 0 \tag{4.17}$$

ここで，この流れ関数が全微分可能であるかを判定します。流れ関数の任意の点において全微分可能であれば，関数を線形近似で表すことができます。つまり流れ関数は線形的な関数 φ で置き換えられることを意味します。式 (4.17) が全微分可能であるかを判定するには，偏導関数が存在する必要があります。式 (4.17) の左辺を f とした偏導関数 $\partial f/\partial x, \partial f/\partial y$ は，それぞれ式 (4.18)，(4.19) のようになります。

$$\frac{\partial f}{\partial x} = -\frac{\partial u}{\partial x}dy + v \tag{4.18}$$

$$\frac{\partial f}{\partial y} = -u + \frac{\partial v}{\partial y}dx \tag{4.19}$$

式 (4.18),(4.19) において $\partial u/\partial x, \partial v/\partial y$ は存在することになるので,式 (4.17) の偏導関数は存在することになります。したがって,全微分可能です(全微分に関する詳しい説明は他書を参考にしてください)。したがって,関数 f は式 (4.20) のように記すことができます。

$$f = -udy + vdx = d\varphi = \frac{\partial \varphi}{\partial x}dx + \frac{\partial \varphi}{\partial y}dy \tag{4.20}$$

よって,式 (4.21) が成立します。

$$u = -\frac{\partial \varphi}{\partial y}, \qquad v = \frac{\partial \varphi}{\partial x} \tag{4.21}$$

以上で,流れ関数が存在することがわかりました.つぎにこの流れ関数が具体的にどのような条件のもとに成立するのかを見ていきます。これまでと同様に非回転運動とします。渦度の方程式に式 (4.21) を代入すると

$$\frac{1}{2}\left(\frac{\partial^2 \varphi}{\partial x^2} + \frac{\partial^2 \varphi}{\partial y^2}\right) = 0 \tag{4.22}$$

これより,流れ関数 φ は非回転運動とすると,二次元のラプラスの方程式と同様となります。この流れ関数は式 (4.21) より,式 (4.23) となります。また,同様に,式 (4.21) より,式 (4.24) も成立することがわかります。

$$u = \frac{\partial \Phi}{\partial x} = \frac{\partial \varphi}{\partial y} \tag{4.23}$$

$$v = \frac{\partial \Phi}{\partial y} = -\frac{\partial \varphi}{\partial x} \tag{4.24}$$

式 (4.23) と式 (4.24) における関係式を**コーシー・リーマンの関係式**(Canchy-Riemann equations)といいます。また,次式の共役関数も満たします。

$$\frac{\partial \Phi}{\partial x}\frac{\partial \varphi}{\partial x} + \frac{\partial \Phi}{\partial y}\frac{\partial \varphi}{\partial y} = 0 \tag{4.25}$$

式 (4.25) において,x, y 軸はたがいに独立しています。そのため,それぞれの傾きの内積が 0 となり,**図 4.3** に示すように,流線と等ポテンシャル線はたがいに直交していること

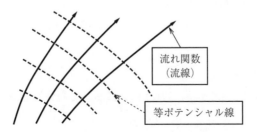

図 4.3 流れ関数と等ポテンシャルの関係

がわかります。

4.5 複素速度ポテンシャル

つぎに，複素速度ポテンシャルにおける流れの場を考えます。先述したように式(4.23)と式(4.24)はコーシー・リーマンの関係式と呼ばれるものになります。この関係式があることは，ある特定の複素関数が微分可能であり，存在することの必要条件となっています。

したがって，コーシー・リーマンの関係式の構成要素となっている速度ポテンシャルと流れ関数を用いた複素関数を以下の式(4.26)のような構成にすることができます。

$$f(z) = \Phi + i\varphi, \qquad z = x + iy \tag{4.26}$$

このように表すことのできる関数 $f(z)$ を **複素速度ポテンシャル**（complex velocity potential）といいます。また，任意の z において微分することが可能であるので，任意の点 x においても微分可能です。そこで，x で微分すると次式のようになります。

$$\frac{\partial f}{\partial z}\frac{\partial z}{\partial x} = \frac{\partial \Phi}{\partial x} + i\frac{\partial \varphi}{\partial x} \tag{4.27}$$

ここで，式(4.23)および式(4.24)，(4.26)を考慮すると

$$\frac{\partial z}{\partial x} = 1, \qquad u = \frac{\partial \Phi}{\partial x}, \qquad v = -\frac{\partial \varphi}{\partial x} \tag{4.28}$$

が成立するので，式(4.27)に式(4.28)を代入すると次式のように書き直せます。

$$\frac{\partial f}{\partial z} = u - vi \tag{4.29}$$

式(4.29)を解釈すると，複素速度ポテンシャル $f(z)$ を z で微分した計算結果を実部と虚部に分けることで，速度 u, v をそれぞれ求めることができます。次項で，代表的な複素関数 $f(z)$ を式(4.29)に代入して，その関数がどのような流れの場を表しているのかを見ていきます。

4.5.1 水平方向に進む流れの場

最初に，複素速度ポテンシャルを用いて，水平方向に進む流れを考えてみます。つぎのような式を考えます。

$$f(z) = Rz \qquad (R : 実数) \tag{4.30}$$

コーシー・リーマンの関係式より，$f(z)$ は z において微分可能であるので，式(4.31)のようになります。

$$\frac{\partial f(z)}{\partial z} = u - vi = R \tag{4.31}$$

ここで，式 (4.29) をもとに実部と虚部を分離して考えると，つぎのように速度 u, v を求めることができます．

$$u = R, \quad v = 0 \tag{4.32}$$

このように複素速度ポテンシャル $f(z) = Rz$ は，水平方向の速度が R，鉛直方向の速度が 0 という**図 4.4** のような流れの場を示しています．

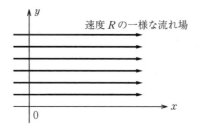

図 4.4　x 方向に一様な流れ場

複素速度ポテンシャルの最大の利点の一つとして，一つの関数 z を用いるだけで，平面座標 (x, y) におけるさまざまな流れ場を表現することができるということにあります．つぎにもう少し複雑な例を考えます．

4.5.2　湧出し，吸込み（1 点から流出・流入する流れ）

湧出し（source），**吸込み**（sink）（1 点から流出・流入する流れ）を数式で表現する際には，次式のような対数関数を用いた複素速度ポテンシャルを考える必要があります．

$$f(z) = n \log z \quad (n：実数) \tag{4.33}$$

ここで，1 点から流出・流入する流れということで，湧出し・吸込みの中心点を原点とした極座標系 (r, θ) を用います．極座標系を $z = re^{i\theta}$ とすると

$$f(z) = n \log (re^{i\theta}) = n(\log r + i\theta) \tag{4.34}$$

水平方向に進む流れの場合と同様に，式 (4.34) を実部と虚部に分けると

$$\Phi = n \log (r), \quad \varphi = n\theta \tag{4.35}$$

つぎに，円の半径方向の流れの速さを求めると式 (4.36) のようになります．

$$V_r = \frac{\partial \Phi}{\partial r} = \frac{n}{r} \tag{4.36}$$

この式によると，中心からの距離に，反比例する流速を有する流れ場が形成されています．

例えば，$n > 0$ の場合には，**図 4.5** のように中心から水が流れ出る場を表しています．これは，円錐形の山頂から水が噴き出して，360°すべての方向に水が流れ下っていることでイメージできると思います．例えば単純な円錐形の山の場合には，山の標高が流れの速さを

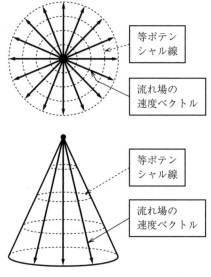

図 4.5 湧出し（$n>0$）のイメージ

支配することになりますが，等ポテンシャル線がその山の標高と同じ意味を持っています。

また，$n<0$ の場合においては，円錐形を逆さまにした中心に吸い込まれる流れ場のイメージで理解できることと思います。

4.5.3 渦　　糸

湧出し・吸込みでは，実数に対数を乗したものを複素速度ポテンシャル関数としました。つぎに，虚数を対数に乗した式（4.37）を考えます。

$$f(z) = ik \log(z) \quad (k:実数) \tag{4.37}$$

この式は，原点を中心にグルグルと回転する**渦糸**（vortex filament）を表します。渦糸においても渦糸の中心点を原点とした極座標系 (r, θ) を用います。極座標系を $z=re^{i\theta}$ とすると

$$f(z) = ik \log(re^{i\theta}) = k(\log r + i\theta) \tag{4.38}$$

となります。つぎに実部と虚部を分離して考えますと，次式のとおりになります。

$$\Phi = -k\theta, \qquad \varphi = k \log(r) \tag{4.39}$$

式（4.35）と式（4.39）を比較すると，流れ場の速度ベクトルと等ポテンシャル線が反転していることがわかります。同様に流れの速さを求めると式（4.40）のようになります。

$$V_\theta = \frac{1}{r}\frac{\partial \Phi}{\partial \theta} = -\frac{k}{r} \tag{4.40}$$

これより，原点を中心とした同心円状の速度ベクトルが発生していることになります（図4.6）。速度は，ルーレットの円盤の中を回る球と同じイメージになります。このルーレット

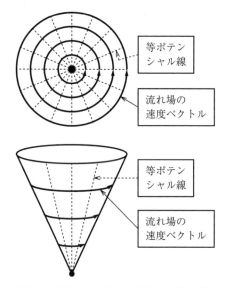

図 4.6 原点を中心として回転する流れ場

における回転する球の速度は，円盤の位置によって変化しています。

渦糸の興味深いところは渦非回転運動を想定しているにも関わらず，回転運動を表現することができる点です。実際に，4.3 節の非回転流れは，中心を除いては渦度の値が 0 ということを示しています。それは実際は微小な渦（乱流）を考慮しないということを示しており，微小な渦を考慮しない回転する流体の運動は非回転運動においても記述できるということになります。渦が存在する運動（回転運動）に関してより詳しく勉強したい人は，本章末の文献 2) などを参考にしてください。

演 習 問 題

【4.1】 ポテンシャル関数がつぎの各式で表される流体運動は完全流体か否かを判別してください。完全流体の場合には，x, y, z 軸方向の速度成分 u, v, w を求めてください。また，その際の流体運動を図に示してください。

(1) $\Phi = \alpha x + \beta y$
(2) $\Phi = \alpha x^2 - \alpha y^2$
(3) $\Phi = \alpha x^2 + \beta y^2$
(4) $\Phi = \alpha x^2 y + \beta y^2 x$
(5) $\Phi = \alpha x - \beta y + \gamma z$

(α, β, γ はそれぞれ実数)

【4.2】 流れ関数がつぎの各式で表される流体運動は完全流体か否かを判別してください。完全流体の場合は x, y 軸方向の速度成分 u, v を求めてください。また，求めた結果に基づいて流線を図に表してください。

（1） $\varphi = \alpha x + \beta y$
（2） $\varphi = \alpha x^2 - \alpha y^2$
（3） $\varphi = \alpha x^2 + \beta y^2$
（4） $\varphi = \alpha x^2 y + \beta y^2 x$
（α, β はそれぞれ実数）

【4.3】 複素速度ポテンシャルがつぎの各式で表される場合における等ポテンシャル線と流れ関数を求めてください。また，その流体運動の様子を図に示してください。

（1） $f(z) = U_r e^{-i\alpha} z$ 　　（U_r, α は実数）
（2） $f(z) = A z^2$ 　　（A は実数）
（3） $f(z) = A z^{3/4}$ 　　（A は実数）
（4） $f(z) = k \log\left[(z-\alpha)/(z+\alpha)\right]$ 　　（α は実数）
（5） $f(z) = U\left[z e^{-i\alpha} + \dfrac{e^{i\alpha}}{z}\right]$ 　　（U と α は実数）

引用・参考文献

1) 長沼伸一郎：物理数学の直観的方法，pp.51-55，通商産業研究社（1987）
2) 今井 功：流体力学（前編）（物理学選書14），pp.80-93，裳華房（1973）
3) T. Shibayama: "Coastal Processes", pp.13-29, World Scientific Publishing（2009）

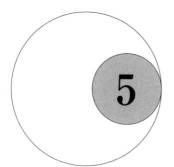

5 パイプの中の水の流れ：管水路の水理

　前章までに学んできた流体は，「完全流体」と呼ばれるもので，流体が持つ「粘性力」を考えてはいませんでした。実際には流体は「粘性」を持っていますので，厳密に流体の流れを考えたい場合には，これを考える必要があります。「粘性」を考えた場合の流体は**粘性流体**（viscous fluid）と呼ばれます。本章からはこの粘性流体を対象に，流体の運動を考えていきます。

5.1　粘 性 流 体

　粘性流体について詳しく考える前に，粘性とはなにかをまず考えてみましょう。水に粘性がある，といわれてもよくわからないかもしれません。それでは，ピーナッツバターやワセリン，オイルはどうでしょう。手につくと「ねばねば」しているという感覚がイメージできるのではないかと思います。この「粘り気」が粘性です。ワセリンやオイルと比べると水はさらさらとしていると感じるかもしれませんが，実際には水も同じように粘り気を持っているのです。水理学において粘性流体を取り扱うというのは，この粘り気の効果を数字や数式を使って表現することを意味します。具体的には，粘性流体を取り扱う場合には，完全流体とは違い，つぎの二つのルール（仮定）を用います。

（1）　流体が壁面に接しているところでは，流体の速度は壁面の速度と一致する（流体と壁面の相対速度は 0 となる）。

（2）　流体層間に速度差がある場合，その流体層間にはせん断力（摩擦力）が働き，その大きさは式 (5.1) で表される。

$$\tau = \mu \frac{du}{dz} \tag{5.1}$$

ここに，u は流れの運動方向の速度，μ は**粘性係数**（coefficient of viscosity）と呼ばれる比例定数，z は流れの運動方向に直角となる座標軸方向を意味します。このルール（仮定）は**ニュートンの仮説**（Newton's law of viscosity）と呼ばれ，さまざまな実験によって正しいことが認められています。

　ここで，**図 5.1** を用いて二つのルールを詳しく説明しましょう。図では，二つの平行に置

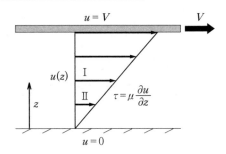

図5.1 平行平板間の流れ

かれた板の間に流体が挟まれています。下の板は固定されており（動かない），上の壁のみが速度Vで平行に移動しています。ルール（1）から，板に接した流体の速度がわかります。つまり，下の壁と接している流体の速度は0，上の壁と接している流体の速度はVと一致します。ルール（2）が教えてくれるのは，流体の内部のことです。ルール（1）から上の板と下の板に挟まれた流体内部に速度差が生じることは明らかですから，各流体層の間（例えば，図5.1のⅠとⅡ）にはせん断力が働きます。図に示すように，Ⅰの流体層はⅡの流体層よりも速度が速いため，Ⅱの流体層からは速度を小さくする方向にせん断力が働きます。逆に，Ⅱの流体層にはⅠの流体層から速度を大きくする方向にせん断力が働きます。そして，その大きさは速度差（厳密にいうと，速度勾配の大きさ）と粘性係数を掛け算した値に等しくなる，ということをルール（2）は述べています。

　さて，ここで粘性係数について考えてみましょう。ルール（2）が示しているのは，この値が大きければ大きいほど，せん断力が大きくなるということです。粘性係数の大きさは，**表5.1**のように温度などの条件によってわずかに変化するのですが，例えば25℃，1気圧の条件では各流体の粘性係数は**表5.2**のようになります。

表5.1 水と空気の粘性係数μと動粘性係数ν（大気圧）

	温度〔℃〕	0	10	20	30	40
水	$\mu \times 10^{-3}$ 〔Pa·s〕	1.792	1.307	1.002	0.797	0.653
	ν 〔cm²/s〕	0.017 92	0.013 07	0.010 04	0.008 01	0.006 58
空気	$\mu \times 10^{-3}$ 〔Pa·s〕	0.017 24	0.017 72	0.018 22	0.018 69	0.019 15
	ν 〔cm²/s〕	0.133 3	0.142 1	0.151 2	0.160 4	0.169 8

表5.2 各流体の粘性係数μ

流体名	$\mu \times 10^{-3}$ 〔Pa·s〕
水	0.890
アセトン	0.310
水銀	1.528
ひまし油	700
グリセリン	782

水よりも水銀、水銀よりもグリセリンやひまし油のほうが、粘性係数が大きいことがわかります。それぞれの流体の中で、手のひらを水平に動かすことを想像してみましょう。空気よりも水、水よりもグリセリンのほうが、手のひらにかかる力は大きくなりますよね（手を動かしにくいですよね）。簡単にいえば、この手のひらにかかる力が、せん断力です。ルール（2）で示されたように、粘性係数が大きい流体ほど、せん断力が大きくなることが理解できると思います。

表5.1には、粘性係数に加えて**動粘性係数**（coefficient of kinematic viscosity）νの値も示しています。動粘性定数の定義は、式（5.2）で表されます。

$$\nu = \frac{\mu}{\rho} \tag{5.2}$$

ここでρは流体の密度です。流体運動を式で記述する場合、動粘性係数を使って書いたほうが手間が少なくなるため、この定数が提案されています。これからは、粘性係数、動粘性係数、せん断力を考慮して流体の運動を記述していきます。

5.2 ナビエ・ストークスの方程式

第2章では、流体の運動方程式としてオイラーの方程式（式（2.14））を導きました。じつはこの式は、完全流体を対象とした運動方程式で、粘性によって働く力（つまり、せん断力）の影響を含んでいません。そこで、粘性流体を対象とした運動方程式を導きます。オイラーの方程式を導いたときと同じように、微小六面体$dxdydz$に着目し、ここに作用する力を考えてみましょう（**図5.2**）。

一般的に、流体内部には速度差があることがほとんどですので、5.1節のルール（2）で述べたように微小六面体の各面には、せん断力τが作用します。第2章で式を導出した際に

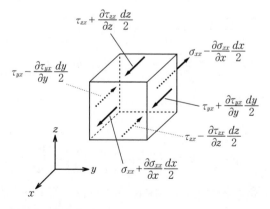

図5.2 微小六面体とそれに作用するx軸方向の流体力

はなかった，このせん断力が新たに表れていることが大きなポイントです．力が作用している方向に注意して，微小六面体の x 軸方向に働く力をまとめると

$$\rho X dxdydz + \left(\sigma_{xx} + \frac{\partial \sigma_{xx}}{\partial x}\frac{dx}{2}\right)dydz - \left(\sigma_{xx} - \frac{\partial \sigma_{xx}}{\partial x}\frac{dx}{2}\right)dydz$$

$$+ \left(\tau_{yx} + \frac{\partial \tau_{yx}}{\partial y}\frac{dy}{2}\right)dxdz - \left(\tau_{yx} - \frac{\partial \tau_{yx}}{\partial y}\frac{dy}{2}\right)dxdz + \left(\tau_{zx} + \frac{\partial \tau_{zx}}{\partial z}\frac{dz}{2}\right)dxdy$$

$$- \left(\tau_{zx} - \frac{\partial \tau_{zx}}{\partial z}\frac{dz}{2}\right)dxdy = \left(\rho X + \frac{\partial \sigma_{xx}}{\partial x} + \frac{\partial \tau_{yx}}{\partial y} + \frac{\partial \tau_{zx}}{\partial z}\right)dxdydz \tag{5.3}$$

となります．なお，σ_{xx} や τ_{yx} の添え字の1番目は作用している面に直角な座標軸を，2番目は力が作用している方向と平行な座標軸を示しています．運動方程式はニュートンの運動の第2法則から導けたことを思い出すと，$a_x = F_x/m$，すなわち

$$\frac{Du}{Dt} = \frac{\partial u}{\partial t} + u\frac{\partial u}{\partial x} + v\frac{\partial u}{\partial y} + w\frac{\partial u}{\partial z} = X + \frac{1}{\rho}\left(\frac{\partial \sigma_{xx}}{\partial x} + \frac{\partial \tau_{yx}}{\partial y} + \frac{\partial \tau_{zx}}{\partial z}\right) \tag{5.4}$$

が得られます．完全流体の場合は，圧縮力 σ_{xx} は圧力 p のみで表され，せん断力 τ_{yx}, τ_{zx} が働きませんので，$\sigma_{xx} = -p$, $\tau_{yx} = \tau_{zx} = 0$ が成り立ちます．これらを代入するとオイラーの方程式を得ることができます．一方，粘性流体を考える場合は，圧縮力・せん断力と流速との間に式 (5.5) のような関係式が成り立つことが知られています．

$$\sigma_{xx} = -p + 2\mu\frac{\partial u}{\partial x}, \qquad \tau_{yx} = \mu\left(\frac{\partial u}{\partial y} + \frac{\partial v}{\partial x}\right), \qquad \tau_{zx} = \mu\left(\frac{\partial u}{\partial z} + \frac{\partial w}{\partial x}\right) \tag{5.5}$$

この関係式は，式 (5.1) を応用することで求められるのですが，やや複雑になりますのでここでは説明を省略します．式 (5.5) を式 (5.4) の右辺に代入して整理すると

$$\frac{\partial u}{\partial t} + u\frac{\partial u}{\partial x} + v\frac{\partial u}{\partial y} + w\frac{\partial u}{\partial z}$$

$$= X + \frac{1}{\rho}\left[\frac{\partial}{\partial x}\left(-p + 2\mu\frac{\partial u}{\partial x}\right) + \frac{\partial}{\partial y}\left(\mu\frac{\partial u}{\partial y} + \mu\frac{\partial v}{\partial x}\right) + \frac{\partial}{\partial z}\left(\mu\frac{\partial u}{\partial z} + \mu\frac{\partial w}{\partial x}\right)\right]$$

$$= X - \frac{1}{\rho}\frac{\partial p}{\partial x} + \frac{\mu}{\rho}\left(\frac{\partial^2 u}{\partial x^2} + \frac{\partial^2 u}{\partial y^2} + \frac{\partial^2 u}{\partial z^2}\right) + \frac{\mu}{\rho}\left(\frac{\partial^2 u}{\partial x^2} + \frac{\partial^2 v}{\partial x \partial y} + \frac{\partial^2 w}{\partial x \partial z}\right)$$

$$= X - \frac{1}{\rho}\frac{\partial p}{\partial x} + \frac{\mu}{\rho}\left(\frac{\partial^2 u}{\partial x^2} + \frac{\partial^2 u}{\partial y^2} + \frac{\partial^2 u}{\partial z^2}\right) + \frac{\mu}{\rho}\frac{\partial}{\partial x}\left(\frac{\partial u}{\partial x} + \frac{\partial v}{\partial y} + \frac{\partial w}{\partial z}\right) \tag{5.6}$$

右辺第3項は連続式 ($\partial u/\partial x + \partial v/\partial y + \partial w/\partial z = 0$) より消去できますので，$x$ 方向の運動方程式は

$$\frac{\partial u}{\partial t} + u\frac{\partial u}{\partial x} + v\frac{\partial u}{\partial y} + w\frac{\partial u}{\partial z} = X - \frac{1}{\rho}\frac{\partial p}{\partial x} + \nu\left(\frac{\partial^2 u}{\partial x^2} + \frac{\partial^2 u}{\partial y^2} + \frac{\partial^2 u}{\partial z^2}\right) \tag{5.7}$$

と記述できます（粘性係数の代わりに，動粘性係数 $\nu = \mu/\rho$ を用いていることに注意してください）．y, z 方向についても同様に考えると，三方向の運動方程式を次式のように記述で

きます．

$$\frac{\partial u}{\partial t}+u\frac{\partial u}{\partial x}+v\frac{\partial u}{\partial y}+w\frac{\partial u}{\partial z}=X-\frac{1}{\rho}\frac{\partial p}{\partial x}+\nu\left(\frac{\partial^2 u}{\partial x^2}+\frac{\partial^2 u}{\partial y^2}+\frac{\partial^2 u}{\partial z^2}\right) \tag{5.8 a}$$

$$\frac{\partial v}{\partial t}+u\frac{\partial v}{\partial x}+v\frac{\partial v}{\partial y}+w\frac{\partial v}{\partial z}=Y-\frac{1}{\rho}\frac{\partial p}{\partial y}+\nu\left(\frac{\partial^2 v}{\partial x^2}+\frac{\partial^2 v}{\partial y^2}+\frac{\partial^2 v}{\partial z^2}\right) \tag{5.8 b}$$

$$\frac{\partial w}{\partial t}+u\frac{\partial w}{\partial x}+v\frac{\partial w}{\partial y}+w\frac{\partial w}{\partial z}=Z-\frac{1}{\rho}\frac{\partial p}{\partial z}+\nu\left(\frac{\partial^2 w}{\partial x^2}+\frac{\partial^2 w}{\partial y^2}+\frac{\partial^2 w}{\partial z^2}\right) \tag{5.8 c}$$

ここで，X, Y, Z はそれぞれ x, y, z 方向の単位質量当りの質量力と呼ばれ，例えば重力のように流体に外部から作用する力のことを意味します．この粘性流体の運動方程式は，**ナビエ・ストークスの方程式**と呼ばれ，流体運動を記述する重要な基礎方程式です．なお，それぞれの項の次元は加速度であることに注意してください．方程式の名前の由来は，これを導いた2人の研究者で，ナビエはフランスの土木技術者，ストークスはイギリスの応用数学者です．

5.3 層　　　流

5.3.1 層流の流速分布①（クウェット流とポアズイユ流）

5.2節で導いたナビエ・ストークスの方程式と連続式を解くことができれば，水の運動の様子を予測することができます．具体的には，ある地点での流速や圧力，ある地点からある地点までの流速分布（流速の大きさの変化）などに関する情報を得ることができます．しかしながら，その複雑な見た目から推測できるように，ナビエ・ストークスの方程式を解くことは簡単ではありません．一方で，水の流れが**層流**という状態であるときには，比較的簡単にこの式の厳密解を得られる場合があります．厳密解というと難しく聞こえますが，方程式を解いて流速分布や最大流速を表す数式を一つ得ることができるという意味です．層流については再度5.4節で説明しますが，イメージとしては，流れの主流方向に対して垂直な方向の速度成分がほとんどなく，流体の中に粒子を入れて観察すると，穏やかに主流方向のみに移動する流れのことです．

それでは，層流の流れを対象に，**ナビエ・ストークスの方程式の厳密解**（exact solution of Navier-Stokes equations）を導いてみましょう．厳密解とは，単純な仮定をおくことによって求められる理論的な解のことです．まずは，**図5.3**に示すように，平行に置かれた2枚の板の間に流体があり，上の板のみが速度 V で動いている状況を考えます．上の板の移動により，2枚の板の間にはなんらかの流速分布が生じているはずです．

式(5.8)をもう一度見ながら，条件を整理していきましょう．まず，x, y, z それぞれの方

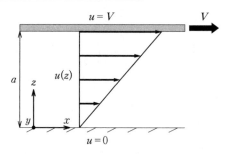

図5.3 平行平板間の層流（クウェット流）

向に働く質量力を考えます．ここでは，重力以外に外部から働く力はありませんので（重力は板の垂直方向下側のみに作用）

$$X=0, \quad Y=0, \quad Z=-g \tag{5.9}$$

となります．また，上の板を動かし始めてから十分な時間が経過したと仮定すれば，流体は定常状態であるといえます．したがって，式 (5.8) 中の時間 t に関する微分項はすべて 0 となります（$\partial/\partial t=0$）．さらに，板の大きさは十分に大きいと考えられますので，板の端からなにか影響されることはなく，x 方向には流速の変化がないといえます（$\partial u/\partial x=0$, $\partial^2 u/\partial x^2=0$）．また，紙面に直角方向の流れや圧力はないと仮定すると，$v=0$ であり y 方向に関する微分項はすべて 0 です（$\partial/\partial y=0$）．加えて，本節の最初で述べたように層流の場合には，主流方向（ここでは x 方向）に垂直な方向（ここでは z 方向）の速度成分は 0 とみなせますので，$w=0$ が条件として加えられます．最後に，簡単のため，流体内部の圧力が x 方向には変化しないことを仮定しましょう（$\partial p/\partial x=0$）．以上の条件のもとで，式 (5.8) を整理すると x, z 方向の運動方程式は式 (5.10)，(5.11) のようになります．

$$0 = \nu \left(\frac{\partial^2 u}{\partial z^2} \right) \tag{5.10}$$

$$0 = -g - \frac{1}{\rho} \frac{\partial p}{\partial z} \tag{5.11}$$

ここで，式 (5.11) を z 方向に積分すると

$$p = -\rho g z + C_1 \tag{5.12}$$

が得られます．ここで，C_1 は積分定数です．C_1 の条件を決定するには境界条件が別途必要ですが，少なくとも式 (5.12) から圧力が z 方向に線形的に増減するということがわかります．つぎに，式 (5.10) を z 方向に積分すると

$$\nu u + C_2 z + C_3 = 0 \tag{5.13}$$

が得られます．境界条件を与えてやれば，C_2, C_3 の積分定数を求めることができます．境界条件は，5.1 節で示したルール（1）を用いれば

$$z=0 \text{ において } u=0 \tag{5.14}$$

$z = a$ において $u = V$ (5.15)

となりますので

$$u = \frac{V}{a} z \tag{5.16}$$

が得られます。式 (5.16) が教えてくれるのは，二つの板に挟まれた流体の流速分布は z 方向に直線分布であるということです。式 (5.16) こそが，今回求めたかったナビエ・ストークスの方程式の厳密解です。なお，このような流れは**クウェット流**（Couette flow）と呼ばれています。

つぎに，図 5.4 の再び二つの板に挟まれた流体内部の流速分布を考えましょう。ただし，今回は，上の板も下の板も固定されており（速度が 0），流体運動は x 方向に変化している圧力によって発生している状況です。

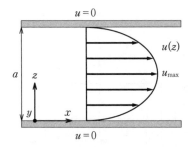

図 5.4 平行平板間の圧力勾配による流れ
（ポアズイユ流）

z 方向の運動方程式は式 (5.11) と同一ですが，x 方向の運動方程式は式 (5.17) となります。

$$0 = -\frac{1}{\rho}\frac{\partial p}{\partial x} + \nu\left(\frac{\partial^2 u}{\partial z^2}\right) \tag{5.17}$$

これを z 方向に積分し，式 (5.15) で $u = V$ の代わりに $u = 0$ を境界条件として与えれば，u の流速分布の式が得られます。

$$u = -\frac{z}{2\mu}(a-z)\frac{\partial p}{\partial x} \tag{5.18}$$

式 (5.18) から u は z の 2 次関数であるとわかりますので，流速分布は放物線となります（図 5.4 に描いたのが，求められた流速分布です）。このように二つの板で挟まれた流体に，$V=0$ と $\partial p/\partial x \neq 0$ の条件が加わった場合には，流速分布が放物線になることが知られており，この流れは**ポアズイユ流**（Poiseuille flow）と呼ばれます。ちなみに放物線の頂点，すなわち流速の最大値は二つの板の中間地点で発生しますので

$$u_{\max} = -\frac{a^2}{8\mu}\frac{\partial p}{\partial x} \tag{5.19}$$

と表されます。

さて，式 (5.18) や式 (5.19) の式にはマイナスの符号がついていますが，これはなぜでしょう。想像がつくと思いますが，流体を動かす力が圧力である場合，流体は圧力の高いほうから低いほうへと流れます。いま，x 軸の正方向に圧力が低下していくとすれば，$\partial p / \partial x < 0$ です。マイナスとマイナスの掛け算ですので，結果として式 (5.18) や式 (5.19) の流速は正の値となり，すなわち x 軸方向の正方向に流体が動いていることを意味します。これがマイナスの符号がついている理由です。

5.3.2　層流の流速分布②（ハーゲン・ポアズイユ流）

もう一つだけ，層流の場合の流速分布の式を導いてみましょう。ここでは，2枚の板の代わりに円管路内を流れる流体の運動を考えます（**図5.5**）。これは，水道管内を水が層流で流れている状況に対応します。円管路の壁面は固定されており（速度が0），流れは x 軸方向に変化する圧力によって生じています。

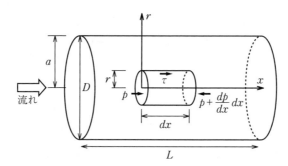

図5.5　円管路内の層流（ハーゲン・ポアズイユ流）

今回は，円管路の中に薄い厚みを持った微小な円柱体を考え，そこに作用する力の釣合い式から流速分布の式を導きます。円柱体に働く力は，両面に働く圧力と，側面に働くせん断力ですので

$$\pi r^2 \left(-\frac{dp}{dx}\right) dx + (\tau \cdot 2\pi r) dx = 0 \tag{5.20}$$

となります。せん断応力 τ は $\tau = \mu du/dr$ と表されますので

$$-r \frac{dp}{dx} + 2\mu \frac{du}{dr} = 0 \tag{5.21}$$

と変形できます。境界条件として，円管路中央（$r=0$）で $u = u_{max}$ すなわち $du/dr = 0$，円管路壁面（$r=a$）で $u=0$ ですので，式を積分すると

$$u(r) = -\frac{1}{4\mu}(a^2 - r^2)\frac{dp}{dx} \tag{5.22}$$

が得られます。式 (5.22) が教えてくれることは、円管路の流速分布も放物線形状になるということです。最大流速は円管路中央で発生しますので、$r=0$ を代入すると

$$u_{\max} = -\frac{a^2}{4\mu}\frac{dp}{dx} \tag{5.23}$$

が得られます。また、円管路内を流れる流量を Q とすると

$$Q = \int_0^a 2\pi r\left\{-\frac{1}{4\mu}(a^2-r^2)\frac{dp}{dx}\right\}dr = -\frac{\pi a^4}{8\mu}\frac{dp}{dx} \tag{5.24}$$

平均流速 u_{ave} は、式 (5.24) を断面積で除したものに等しくなりますので

$$u_{\text{ave}} = \frac{Q}{\pi a^2} = -\frac{a^2}{8\mu}\frac{dp}{dx} = \frac{1}{2}u_{\max} \tag{5.25}$$

となります。式 (5.25) から、平均流速と最大流速には $1/2$ の関係があるということがわかります。水の流れを対象とした場合、層流となる流れはそれほど多くないのですが、これらの式を使えば、管路の中の流速を数多く測定しなくても、中心の最大値を計測すれば、そこから平均流速を推測することができます。なお、このように円管路内を流れる層流は**ハーゲン・ポアズイユ流**（Hagen-Poiseuille flow）と呼ばれています。なお、名前の由来となったハーゲンは水道の研究をしていた土木技術者で、ポアズイユは血液の流れを考えていた医者です。

5.4 乱流

5.4.1 レイノルズの実験

1883年、イギリスのオズボーン・レイノルズは、流体力学・水理学の歴史上、きわめて重要な実験を行いました。円管路内の水の流れに関する実験です。レイノルズは、**図5.6**に示すような実験器具を準備し、染料を使って水に着色することで、流れの様子を観察しました。彼はいくつもの条件下で観察を行った結果、円管路内の流れは二つの状態に分類できることを発見しました。一つは、着色液が線状にまっすぐと流れる状態で、もう一つは着色液が円管路内で乱れながら流れる状態です。そして、流れの状態は、流速・管路径・動粘性係数の三つが関係しており、これら三つのパラメータから作られる無次元数によって、流れの状態をどちらかに分類できることを示しました。提案された無次元数は、**レイノルズ数**（Reynolds number）と呼ばれ、式 (5.26) で表されます。

$$Re = \frac{Ud}{\nu} \tag{5.26}$$

ここに、U は円管路内の断面平均流速（depth-averaged velocity）、d は円管路の直径、ν は水の動粘性係数です。

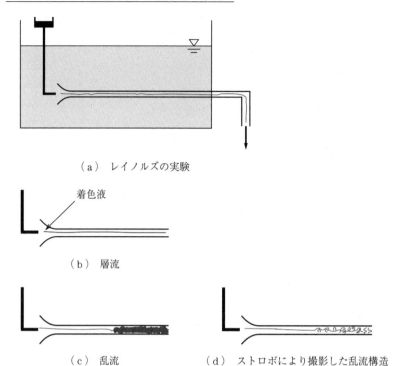

(a) レイノルズの実験

(b) 層流

(c) 乱流　　　　　(d) ストロボにより撮影した乱流構造

図 5.6　レイノルズの実験

5.4.2　レイノルズ数

　レイノルズが示した流れの二つの状態は，層流と**乱流**とそれぞれ呼ばれて区別されています。層流は，乱れがなく整然とした流れのことで，これについてはナビエ・ストークスの方程式の厳密解を求められる場合がある，ということを 5.3 節で説明しました。乱流は，その名のとおり，流れが乱れており，各所で渦の発生が見られる流れです。レイノルズ数を用いれば，流れを層流か乱流かに分類できるわけですが，大まかなイメージとしては，レイノルズ数が 2 000 程度よりも小さい場合は層流，4 000 程度よりも大きい場合は乱流と区別できます。先ほどの実験を例に説明すると，円管路内の流速が小さい，すなわちレイノルズ数も小さい場合は，整然とした流れである層流が現れます。一方，流速をどんどんと大きくしていく，すなわちレイノルズ数が大きくなると，着色した水の流れは乱れ始め，乱流が発生します。層流から乱流に変化するレイノルズ数のことを，**限界レイノルズ数**（critical Reynolds number）と呼びます。先ほど説明したように，この値はおおむね 2 000 ～ 4 000 程度です。ただし，ここで注意したいのは流れのレイノルズ数が限界レイノルズ数以下のときはつねに層流と分類できますが，流れのレイノルズ数が限界レイノルズ数以上のときはつねに乱流になるわけではないということです。実際，乱れの要因となるものを丁寧に取り除

けば，レイノルズ数が2 000以上でも層流を発生させることが可能です。なお，土木技術者が取り扱う水の流れは，多くの場合レイノルズ数が大きく，乱流に分類することができます。

ここでもう一度，レイノルズ数に着目してみましょう。

$$Re = \frac{Ud}{\nu} = \frac{U^2/d}{\nu U/d^2} = \frac{慣性項}{粘性項} \quad (5.27)$$

じつは，レイノルズ数は右辺の形を変えると，レイノルズ数は慣性項と粘性項の比であると理解することもできます。慣性項はナビエ・ストークスの方程式の左辺第2～4項の移流項と，粘性項は右辺第3項の粘性項と同じ形をしています。大まかにいうと，慣性項は「流体が自由に流れようとする力」に関係するもので，粘性項は「流体が速度差を小さくしよう（流れを均一にしよう）とする力」に関係するものです。つまり，「自由に流れようとする力」が「流れを均一にしようとする力」よりもある程度大きくなれば，流体の内部で乱れが発生して乱流となり，逆に流れを均一にしようとする力が十分に大きいと流体は整然と流れるので，層流になります。

5.5　レイノルズの方程式

5.3節で示したように，層流を対象とした場合には，ナビエ・ストークスの方程式を用いて厳密解を導くことができました。では，乱流の場合はどうでしょうか。これを考えるために，層流と乱流それぞれの条件下で計測された，ある地点の流速を比較してみましょう（**図5.7**）。

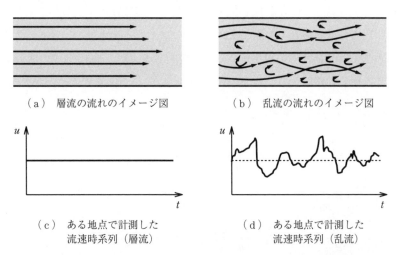

（a）層流の流れのイメージ図　　（b）乱流の流れのイメージ図

（c）ある地点で計測した　　　　（d）ある地点で計測した
　　流速時系列（層流）　　　　　　　流速時系列（乱流）

図5.7　層流と乱流の流れのイメージ図とある地点で計測した流速時系列の比較

乱流の場合，図（d）のように層流よりも流速が不規則に変動していることがわかります。図に破線で描いたのは計測時間で平均した流速値ですが，瞬間値はこのまわりを激しく上下しています。この不規則な変化は，いわゆるカオスで，外からのちょっとした刺激により激しく変化します。計測された瞬間流速は当然ナビエ・ストークスの方程式を満たしているのですが，不規則な変動がいつ，どのくらい起こるかを計算で予測することは困難です。そのため，乱流場を計算の対象とするときには，あるテクニックを使うことになります。それは，任意の時刻の瞬間流速を，時間的な平均値とそれに加わる変動値として次式のように表すことです。

$$u = \bar{u} + u', \quad v = \bar{v} + v', \quad w = \bar{w} + w' \tag{5.28}$$

ここに，$\bar{u}, \bar{v}, \bar{w}$ は平均値で

$$\bar{u} = \frac{1}{T}\int_0^T u\,dt, \quad \bar{v} = \frac{1}{T}\int_0^T v\,dt, \quad \bar{w} = \frac{1}{T}\int_0^T w\,dt \tag{5.29}$$

と表されます。ここで，T は乱流による変動一つひとつよりも充分に長い時間としています。すると，その変動値を平均した値は 0 になるとみなすことができるので

$$\overline{u'} = \frac{1}{T}\int_0^T u'\,dt = 0, \quad \overline{v'} = 0, \quad \overline{w'} = 0 \tag{5.30}$$

という関係が導けます。

上記の取り扱いが有用なのは，「平均値」に着目している点にあります。一般的に，土木技術者にとって重要なのは，瞬間値よりも流れの平均値です。厳密ではないと怒られてしまうかもしれませんが，平均的な値がわかれば，水の流れのふるまいを大まかに予測することができます。実際に，土木構造物の設計も流れの平均値で設計して，あとは安全率を掛けて対応するというようにしたほうがお金も時間も節約できることがよくあります。

それでは，圧力についても平均値と変動値に分け，それらをナビエ・ストークスの方程式に代入してみましょう。詳しい導出はここでは割愛しますが，式 (5.30) の関係や，連続式をところどころ用いて整理していくことで，最終的に式 (5.31) を導くことができます。

$$\frac{\partial \bar{u}}{\partial t} + \bar{u}\frac{\partial \bar{u}}{\partial x} + \bar{v}\frac{\partial \bar{u}}{\partial y} + \bar{w}\frac{\partial \bar{u}}{\partial z}$$
$$= X + \frac{1}{\rho}\left[\frac{\partial}{\partial x}(\overline{\sigma_{xx}} - \rho\overline{u'u'}) + \frac{\partial}{\partial y}(\overline{\tau_{yx}} - \rho\overline{u'v'}) + \frac{\partial}{\partial z}(\overline{\tau_{zx}} - \rho\overline{u'w'})\right] \tag{5.31 a}$$

$$\frac{\partial \bar{v}}{\partial t} + \bar{u}\frac{\partial \bar{v}}{\partial x} + \bar{v}\frac{\partial \bar{v}}{\partial y} + \bar{w}\frac{\partial \bar{v}}{\partial z}$$
$$= Y + \frac{1}{\rho}\left[\frac{\partial}{\partial x}(\overline{\tau_{xy}} - \rho\overline{v'u'}) + \frac{\partial}{\partial y}(\overline{\sigma_{yy}} - \rho\overline{v'v'}) + \frac{\partial}{\partial z}(\overline{\tau_{zy}} - \rho\overline{v'w'})\right] \tag{5.31 b}$$

$$\frac{\partial \overline{w}}{\partial t} + \overline{u}\frac{\partial \overline{w}}{\partial x} + \overline{v}\frac{\partial \overline{w}}{\partial y} + \overline{w}\frac{\partial \overline{w}}{\partial z}$$
$$= Z + \frac{1}{\rho}\left[\frac{\partial}{\partial x}(\overline{\tau_{xz}} - \rho\overline{w'u'}) + \frac{\partial}{\partial y}(\overline{\tau_{yz}} - \rho\overline{w'v'}) + \frac{\partial}{\partial z}(\overline{\sigma_{zz}} - \rho\overline{w'w'})\right] \quad (5.31\text{ c})$$

ナビエ・ストークスの方程式と比較して，流速と圧力が平均値と変動値に変化したこと，$\overline{u'v'}$，$\overline{u'w'}$ などの乱流の変動速度の積の平均値が新しく加わったことに注意してください。この項は，乱れによって作用する応力と数式の上で等価な物理量を意味しますので形式的には応力と同等として取り扱うことができます。これらの式はナビエ・ストークスの方程式と区別するために，**レイノルズの方程式**と呼ばれています。この式は，「乱流」の流れを対象に平均流速や平均圧力を求めるために導出した式である，と理解することができます。乱流中では通常，$\overline{\tau_{yx}} \ll -\rho\overline{u'v'}$ となるため，粘性力 $\overline{\tau_{yx}}$ などは $-\rho\overline{u'v'}$ に比べて省略できるとして，多くの場合，式を単純化しています。レイノルズの方程式を流速で表示すると式(5.32)のようになります。

$$\frac{\partial \overline{u}}{\partial t} + \overline{u}\frac{\partial \overline{u}}{\partial x} + \overline{v}\frac{\partial \overline{u}}{\partial y} + \overline{w}\frac{\partial \overline{u}}{\partial z}$$
$$= X - \frac{1}{\rho}\frac{\partial \overline{p}}{\partial x} + \nu\left(\frac{\partial^2 \overline{u}}{\partial x^2} + \frac{\partial^2 \overline{u}}{\partial y^2} + \frac{\partial^2 \overline{u}}{\partial z^2}\right) - \left(\frac{\partial \overline{u'^2}}{\partial x} + \frac{\partial \overline{u'v'}}{\partial y} + \frac{\partial \overline{u'w'}}{\partial z}\right) \quad (5.32\text{ a})$$

$$\frac{\partial \overline{v}}{\partial t} + \overline{u}\frac{\partial \overline{v}}{\partial x} + \overline{v}\frac{\partial \overline{v}}{\partial y} + \overline{w}\frac{\partial \overline{v}}{\partial z}$$
$$= Y - \frac{1}{\rho}\frac{\partial \overline{p}}{\partial y} + \nu\left(\frac{\partial^2 \overline{v}}{\partial x^2} + \frac{\partial^2 \overline{v}}{\partial y^2} + \frac{\partial^2 \overline{v}}{\partial z^2}\right) - \left(\frac{\partial \overline{v'u'}}{\partial x} + \frac{\partial \overline{v'^2}}{\partial y} + \frac{\partial \overline{v'w'}}{\partial z}\right) \quad (5.32\text{ b})$$

$$\frac{\partial \overline{w}}{\partial t} + \overline{u}\frac{\partial \overline{w}}{\partial x} + \overline{v}\frac{\partial \overline{w}}{\partial y} + \overline{w}\frac{\partial \overline{w}}{\partial z}$$
$$= Z - \frac{1}{\rho}\frac{\partial \overline{p}}{\partial x} + \nu\left(\frac{\partial^2 \overline{w}}{\partial x^2} + \frac{\partial^2 \overline{w}}{\partial y^2} + \frac{\partial^2 \overline{w}}{\partial z^2}\right) - \left(\frac{\partial \overline{w'u'}}{\partial x} + \frac{\partial \overline{w'v'}}{\partial y} + \frac{\partial \overline{w'^2}}{\partial z}\right) \quad (5.32\text{ c})$$

5.6　レイノルズ応力

5.6.1　レイノルズ応力の物理的イメージ

乱流状態のときに流体に作用する力に関してもう少し詳しく考えてみましょう。川の流れのように，ある地面の上を流速 $u = \overline{u} + u'$ で水が流れているとします。この流れをいくつかの層に分解して，それぞれの層に働くせん断力を考えます（**図5.8**）。

層流の場合は，粘性によるせん断力のみが働きますので，せん断力 τ は

$$\tau = \mu\frac{\partial \overline{u}}{\partial z} \quad (5.33)$$

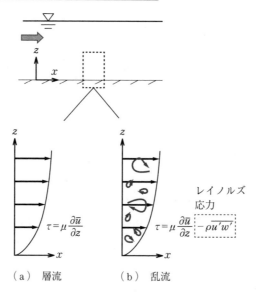

図5.8 層流と乱流の流速分布のイメージ

となります（図（a））。これは，5.1節や，5.3節のクウェット流のところで説明した原理と同じです。

一方，乱流の場合は，水粒子が激しく変動しますので，運動量を持った水粒子が各層を行ったりきたりします（図（b））。ニュートンの運動の第2法則から，運動量の変化がある場合，力が作用しているということになりますので，各層には新たなせん断力が作用します。結果として乱流の場合のせん断力は

$$\tau = \mu \frac{\partial \overline{u}}{\partial z} - \rho \overline{u'w'} \tag{5.34}$$

と表されます。右辺第2項は速度変動に着目しますが，式の中でせん断力と同等であるため，乱流により生じるせん断力として扱われ，**レイノルズ応力**（Reynolds stress）と呼ばれます。なお，レイノルズ応力を空間的に微分すると，レイノルズの方程式の右辺第4項が得られます。

さて，それではなぜレイノルズ応力は流速の変動値の積（例えば，$-\rho \overline{u'w'}$）で表されるのでしょうか。特に，マイナスの符号がついている理由はなんでしょうか。レイノルズ応力の物理的なイメージを図5.9を用いて説明しましょう。いま，速度の違う2台の車が走っています。車Aのほうが車Bよりも大きな速度で移動しています。先頭にいた車Bの横に車Aが並んだ瞬間，車Aの荷台から車Bの荷台へ荷物を投げ入れます。さて，車Bにはなにが起こるでしょうか？投げられた荷物は，車Aの速度で移動していたわけですから，車Bの人から見ると「自分より速度の大きい荷物」が自分に向かって投げられたことになります。そのため，荷物を受け取った瞬間，車Bは前方にいくらか加速するはずです。逆に，

5.6 レイノルズ応力

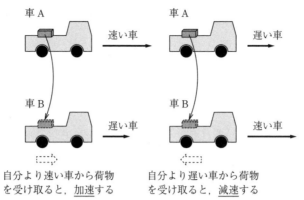

図 5.9 運動量の交換による速度の増減のイメージ

車 B から車 A に荷物を投げ入れた場合，車 A にはなにが起こるでしょう。車 A は「自分より速度の小さい荷物」を受け取ることになるので，いくらか減速するはずです。じつは，これと同じことが乱流場の流体内部では起きています。

ここで，先ほどと同じように川の流れの中の流速分布を考えます（**図 5.10**）。

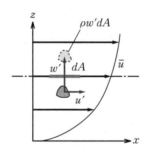

図 5.10 レイノルズ応力の発生

乱流状態では，流体内部で流体の粒子が渦により各層を移動しています。いま，図に示すように，下の層から上の層へ流体粒子が w' の速度で移動したとするとき，上の層の dA 面にはどのくらいの力が生じるでしょうか。まず，dA 面を通過していった流体粒子の単位時間当りの質量は $\rho w' dA$ で表されます。つぎに，上の層と下の層の流速を比較すると，下の層のほうが u' だけ小さいとみなすことができます。そのため，上の層には「u' だけ速度が小さい $\rho w' dA$ の重さの荷物」が加わることになります。上の層にとっては，x 方向の運動量が変化したとみなすこともできます。先ほど説明したように，自分よりも遅い車から荷物を受け取る場合は，流れを遅くする，つまり負の方向に値に力が働きます。そのため，マイナス記号をつけて x 方向に働く力が，$-\rho w' dA \times u'$ と表されるのです。作用する変動成分をすべて平均することで，レイノルズ応力が導けます。

$$\tau = -\rho \overline{u'w'} \tag{5.35}$$

以上がレイノルズ応力の物理的なイメージとマイナスの符号がついている理由です。

5.6.2 レイノルズ応力の評価

ここからは，レイノルズの方程式を解くことと考えてみます。各値を平均値と変動値に分けるテクニックは非常に有効ですが，問題は式に含まれる未知数の数が，2倍に増加したことです。レイノルズの方程式における未知数は，$\bar{u}, \bar{v}, \bar{w}, \bar{p}, u', v', w', p'$ の8個です。未知数が8個ある場合，それを解くためには，数学的には8個の独立した式が必要です。しかし，三方向のレイノルズの方程式に加えて，連続式の四つしか現状では式がありません。なんとかして，新たに少なくとも四つの式を作らなくてはいけません。また，土木技術者が興味があるのは平均値ですから，可能であれば，変動値を平均値を使って表現する式があれば，非常に便利です。

実際に，変動値と平均値の関係についての研究は盛んに行われています。その中でも有名なものが，**ブシネスクの渦粘性理論**（Boussinesq's eddy viscosity hypothesis）と**プラントルの混合距離理論**（Prandtl's mixing length hypothesis）です。簡単に二つの理論を説明します。

ブシネスクは，粘性によるせん断力が速度勾配と粘性係数の積（式(5.1)）で表されることから，その考えを応用してレイノルズ応力も速度勾配となにかの積で表されると仮定しました。その結果，次式を提案しています。

$$-\rho\overline{u'w'} = \eta\frac{\partial \bar{u}}{\partial z} = \rho\varepsilon\frac{\partial \bar{u}}{\partial z} \tag{5.36}$$

ここに，η は渦動粘性係数，ε は拡散係数です。これらの係数を実験などの観測に基づき決定すれば，レイノルズ応力を平均流速で表現できるため，非常に便利です。

一方，プラントルは，乱流を渦の集合体として捉え，平均流速の勾配だけでなく，流体間の混合運動に関する距離（渦の大きさのことです）も重要であるとして，式(5.37)を提案しました。

$$-\rho\overline{u'w'} = \rho l^2\left|\frac{\partial \bar{u}}{\partial z}\right|\frac{\partial \bar{u}}{\partial z} = \rho\kappa^2 z^2\left|\frac{\partial \bar{u}}{\partial z}\right|\frac{\partial \bar{u}}{\partial z} \tag{5.37}$$

プラントルは l を**混合距離**（mixing length）と名付けています。さらに，この混合距離は，単純に考えた場合には，壁面からの距離 z に比例するとよいとして

$$l = \kappa z \tag{5.38}$$

の関係も提案しています。ここに，κ は**カルマン定数**（Karman's constant）と呼ばれる定数で，実験的には式(5.39)のように与えられています。

$$\kappa = 0.4 \tag{5.39}$$

このように実験室での観測を通じて，レイノルズ応力を評価する手法が提案されたこと

で，数学的にレイノルズの方程式を解くことができるようになりました。

5.7 乱流の流速分布

5.3節で説明したように円管路を流れる層流の流速分布は，放物線形状となります。それでは，乱流の場合の流速分布はどのような形状になるでしょうか。乱流の場合，式(5.34)でせん断力を表すことができました。また，式(5.34)で説明したように，せん断力は「粘性によるせん断力」と「レイノルズ応力によるせん断力」に分けることができました。これらを踏まえて，流速分布の式を導いてみます。

まず，管路や川の流れにおいて，壁面か十分に離れた場所では，粘性の効果は無視できるほど小さくなるため，せん断力はレイノルズ応力に等しいとみなせるようになります。そのため，せん断力は式(5.34)の右辺第2項のみで表すことができるようになります。レイノルズ応力は，プラントルの混合距離理論を用いて評価できたことを思い出せば

$$\tau = -\rho \overline{u'w'} = \rho l^2 \left|\frac{\partial \overline{u}}{\partial z}\right| \frac{\partial \overline{u}}{\partial z} = \rho \kappa^2 z^2 \left(\frac{\partial \overline{u}}{\partial z}\right)^2 \tag{5.40}$$

が得られます。ただし，ここでは簡単のために $\partial \overline{u}/\partial z > 0$ である状況を想定しています。式(5.40)を積分すると，$\overline{u}$ は $1/z$ に比例することから，解は対数で表され

$$\frac{\overline{u}(z)}{u^*} = \frac{1}{\kappa} \ln z + C \tag{5.41}$$

が得られます(**流速の対数分布則**(logarithmic law for velocity distribution))。ここで，u^* は**摩擦速度**(friction velocity, shear velocity)と呼ばれ，$u^* = \sqrt{\tau/\rho}$ と定義されています。名前の由来は速度と同じ次元を持つためです。また，C は積分定数です。

流速分布の形状に影響するのは，粘性(レイノルズ数)と壁面の粗さの二つであると考えると，「粘性の影響が大きいであろうなめらかな管路」と，「壁面粗さの影響が大きいであろう粗い管路」で流速分布の式を分ける必要性があることに気がつきます。そこで，粘性の効果(ν)，壁面粗さの効果(k)を使った式の形に変更します。

なめらかな管路：
$$\frac{\overline{u}(z)}{u^*} = \frac{1}{\kappa} \ln \frac{u^* z}{\nu} + A_s \tag{5.42}$$

粗い管路：
$$\frac{\overline{u}(z)}{u^*} = \frac{1}{\kappa} \ln \frac{z}{k} + A_r \tag{5.43}$$

ここに，A_s, A_r は定数です。k は，壁面の粗さを表すパラメータで**相当粗度**(equivalent roughness)と呼ばれます。例えばコンクリートであれば，$k = 0.03 \sim 0.30$ mm であるといったように，実験から求められた値が『水理公式集』(本章末の文献6))などにまとめら

れています．式 (5.42), (5.43) は物理的な直感も用いて導き出したものですが，実際に実験をやってみると，非常によく乱流の流速分布を表した式であることが確認されています．

また，複数の実験を行った結果，$A_s=5.5$, $A_r=8.5$ であることがわかり，自然対数 ln を常用対数 $\log_{10}$ で表し直して

$$\text{なめらかな管路：} \quad \frac{\overline{u(z)}}{u^*} = 5.5 + 5.75 \log_{10} \frac{u^* z}{\nu} \tag{5.44}$$

$$\text{粗い管路：} \quad \frac{\overline{u(z)}}{u^*} = 8.5 + 5.75 \log_{10} \frac{z}{k} \tag{5.45}$$

が得られます．これらの式が，乱流の流速分布を表す式です．各点の流速が壁からの距離 z の対数で表されることから，乱流の場合，流速分布が対数分布になることがわかります．

つぎに，壁面近傍の流速分布を考えましょう．なめらかな管の場合，壁面近傍においては，流速が小さくなるため乱れの生成が抑制され，レイノルズ応力が無視できるほど小さくなります．このような状況となる壁面近傍の層を，**粘性底層**（viscous sublayer）または**層流底層**（laminar sublayer）と呼びます．粘性底層内では，せん断力は式 (5.34) の右辺第 1 項（粘性によるせん断力）のみで表せるため

$$\tau = \rho u^{*2} = \mu \frac{\partial \overline{u}}{\partial z} \tag{5.46}$$

となります．これを積分すると

$$\frac{\overline{u(z)}}{u^*} = \frac{u^* z}{\nu} \tag{5.47}$$

が得られます．ここから，なめらかな管の粘性底層内では，流速分布 $\overline{u(z)}$ は直線分布であることがわかります．なお，粘性底層の最縁部では，対数分布によって表される流速（式 (5.44)）と一致するはずですから，粘性底層の厚みは式 (5.48) で求められます．

$$\delta = 11.6 \frac{\nu}{u^*} \tag{5.48}$$

じつは，水理学的に**なめらかな管**（hydraulically smooth pipe）か**粗い管**（hydraulically rough pipe）かの違いは，壁面の凹凸がこの粘性底層よりも大きいかどうかで決まります．粗い管の場合には，壁面の凹凸により粘性底層がかき消されてしまうため，流速分布が直線分布となる層は存在しなくなります．一般に，粘性底層は非常に薄く，例えば開水路の流れでは 10^{-4} m 程度であると知られています．そのため，水理学で取り扱う流れにおいて，なめらかな管と分類されるのは，ガラスや塩化ビニルのようなきわめてツルツルした物質で壁面が生成されている場合に限られます．コンクリートや木など多くの物質では，粗い管の式が用いられます．なお，ここまでは管路の流れとして流速分布の式を求めましたが，ここで求めた式は開水路の流速分布にも適用できることが確認されています．

以上の説明を図にまとめたのが，**図 5.11** です．乱流の場合は，層流と違い，流速分布は対数分布となります．ただし，なめらかな壁面の場合には，粘性底層が存在し，その内部の流速分布は直線分布となります．

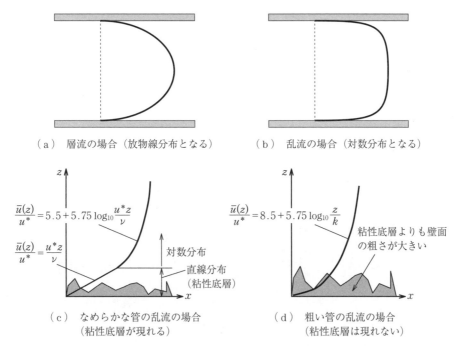

図 5.11　流速分布のまとめ

5.8　管路流れの基礎方程式

5.7 節までは流体要素や管路流れのミクロな部分に着目して話を進めてきましたが，ここからはもっとマクロな視点で管路の流れを考えていきます．具体的には，水道管やダムからの放水管路などといったスケールの大きな管路を対象に，流速や圧力を計算する方法を学んでいきます．

さて，土木構造物のようにスケールの大きな管路を取り扱う場合には，できるだけ管路内の流れを簡単に表したほうが有用です．前節までに学んだ，微小六面体の連続式（式 (2.2)）やレイノルズの方程式（式 (5.31)）は管路の流れをきわめて詳しく記述した式であるため，管路の細部を設計する際には有用ですが，ときには数 km にわたる管路すべてにこれらを適用して計算することは，現実には困難です．そこで，管路内の流れを三次元的にではなく，主流方向のみに着目して計算する方法がとられます．さらに，主流方向の流速や圧力は，本来断面内で分布を有しているのですが，その断面平均値を計算に用います．このような仮定

を用いた解析方法は一次元解析法と呼ばれ，スケールの大きな管路を取り扱う場合には有効な方法です。

それでは，一次元解析法を用いた場合の管路流れの基礎方程式を考えていきます。なお，ここから対象とする管路流れは，すべて簡単化のため，流れが定常（時間的に変化しない）であるとみなせることにします。

まず，連続式です。図 5.12 に示すように管路の断面 I と断面 II を流れる平均流速を v_1, v_2 とすれば，管路の壁面から水の出入りはありませんので

$$v_1 A_1 = v_2 A_2 = Q \tag{5.49}$$

が成り立ちます。もう少し一般的な形で書くと

$$Q = vA = \mathrm{const.} \tag{5.50}$$

となり，これが管路における一次元解析法での連続式です。

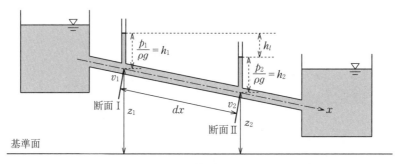

図 5.12　管路の流れ

つぎに，エネルギー方程式です。まず，管路 x 軸に沿ってエネルギー方程式（ベルヌイ式）を微分形式で表しますと

$$\frac{d}{dx}\left(\frac{u^2}{2g}\right) + \frac{1}{\rho g}\frac{dp}{dx} + \frac{dz}{dx} + \frac{dH_l}{dx} = 0 \tag{5.51}$$

となります。ここで，u は x 軸方向の流速成分，H_l は管路の微小区間におけるエネルギー損失です。粘性流体を取り扱う場合，粘性や乱流によるせん断力が流体内で作用することで渦が生じ，それにより流体のエネルギー損失が発生します。第 4 章では完全流体を取り扱っていたため，この項を考慮していなかったことに注意してください。さて，一次元解析法で必要なのは，断面平均値です。そこで，1 断面を単位時間に通過するエネルギーの平均値を求めます。具体的には，断面平均流速を v，管路の断面積を A として，各項に udA/vA の重みを掛けて断面積 A で積分すれば，求めることができます。つまり

$$\int_A \frac{d}{dx}\left(\frac{1}{2gvA}u^3 dA\right) + \frac{1}{vA}\frac{d}{dx}\int_A \left(\frac{p}{\rho g} + z\right) u dA + \frac{1}{vA}\frac{d}{dx}\int_A H_l u dA = 0 \tag{5.52}$$

となります。ここで，第 2 項は圧力に関する項です。流体が運動している場合，厳密にいえ

ば流体が静止している場合と比較して圧力が変化するのですが，管路の流れでは通常この変化は十分に小さいと仮定できます。そうすると，圧力は流速によって変化しませんので，第2項は $d/dx(p/\rho g+z)$ となります。また，第3項は，計算される損失の平均値を h_l で表すと定義してしまえば，dh_l/dx と変形できます。さらに，第1項は

$$\int_A \frac{d}{dx}\left(\frac{1}{2gvA}u^3 dA\right) = \frac{d}{dx}\left\{\frac{v^3}{2gvA}\int_A \left(\frac{u}{v}\right)^3 dA\right\} = \frac{d}{dx}\left\{\frac{v^2}{2g}\frac{1}{A}\int_A \left(\frac{u}{v}\right)^3 dA\right\}$$

$$= \alpha \frac{d}{dx}\left(\frac{v^2}{2g}\right) \tag{5.53}$$

と変形できます。ここで，α は**エネルギー補正係数**（kinetic energy correction factor）と呼ばれます。断面平均流速を用いたため，管路断面内での流速の違いを考慮するために必要となった係数である，とイメージしてもらえればよいと思います。管路の計算をするたびに α を求めるのは面倒ですし，乱流の場合は $\alpha=1.0\sim1.1$ になることが知られていますので，計算をする際には定数（1.0 か 1.1）として取り扱う場合がほとんどです。

以上から，**一次元解析でのエネルギー方程式**（one-dimensional energy equation）は，微分系形式で書くと

$$\alpha\frac{d}{dx}\left(\frac{v^2}{2g}\right) + \frac{d}{dx}\left(\frac{p}{\rho g}+z\right) + \frac{dh_l}{dx} = 0 \tag{5.54}$$

となります。これは，第2章で示したベルヌイの定理にエネルギー損失を考慮したものであるともいえます。また，具体的に断面Ⅰと断面Ⅱの間のエネルギーの変化に適用して書くと

$$\frac{\alpha v_1^2}{2g}+\frac{p_1}{\rho g}+z_1 = \frac{\alpha v_2^2}{2g}+\frac{p_2}{\rho g}+z_2+h_l \tag{5.55}$$

となります。管路流れの計算をする際には，このエネルギー方程式と連続式を用いて，管路のある地点での断面平均流速や，断面平均圧力を求めることが一般的です。なお，式 (5.54) は，レイノルズの方程式を積分することでも求めることができますので，**一次元解析での管路の運動方程式（運動量方程式）**（one-dimensional momentum equation）と呼ばれることもあります。

5.9 摩擦損失

ここからは，管路内で発生するエネルギー損失 h_l について考えていきます。通常，管路を流れる流体のエネルギー損失は**摩擦損失**（friction loss, major loss）h_f と**形状損失**（form loss, minor loss）h_m の二つに分けられます。

$$h_l = h_f + h_m \tag{5.56}$$

ここでは，摩擦損失を表すのに添え字 f を，形状損失には添え字 m をつけて区別してい

ます（水理学の教科書によって添え字の定義はさまざまです）。摩擦損失は，その名のとおり流体が管路の壁面から受ける摩擦（せん断力）によって失うエネルギー損失です。形状損失は，管路断面積の変更，屈折，水槽から管路への流入，など管路形状が変化した結果，変化点周辺に渦が発生することで生じるエネルギー損失です。

　まずは，摩擦損失について考えてみます。摩擦損失は，管路の形状が変化しない，直線部分で生じる損失です。摩擦損失は，速度水頭の一部が失われていくと考えて，式 (5.57) により計算できることが知られています。

$$h_\mathrm{f} = f \frac{L}{D} \frac{v^2}{2g} \tag{5.57}$$

ここで，f は**摩擦損失係数**（friction factor），L は管路長，D は管路径，v は管路の断面平均流速です。この式は**ダルシー・ワイスバッハの式**（Darcy-Weisbach equation）と呼ばれます。なお，この式は，層流・乱流どちらにも適用可能です。

5.9.1　層流の摩擦損失係数

　摩擦損失係数は，流れの状態や管路の状態（管路壁面に使われている材料）によって値が変化します。乱流の場合は完ぺきな理論式はいまだ存在しないのですが，層流の場合は理論式が導かれています。5.3.2 項で説明したハーゲン・ポアズイユ流の説明に使った，円管路の層流をもう一度思い出しましょう。平均流速は式 (5.25) で表されますので，同式を変形すると

$$-\frac{dp}{dx} = \frac{32\mu v}{D^2} \tag{5.58}$$

が得られます。半径 a の代わりに管路直径 D を使用していることに注意してください。ここで，水平に置かれた管路の微小区間内で摩擦損失が作用していると考えれば，流速，断面高さには変化がありませんので，摩擦損失と圧力水頭の変化は等しくなります。

$$-\frac{d}{dx}\left(\frac{p}{\rho g}\right) = \frac{dh_\mathrm{f}}{dx} \tag{5.59}$$

式 (5.57) を代入すると

$$-\frac{dp}{dx} = \frac{f}{D} \frac{\rho v^2}{2} \tag{5.60}$$

が得られますので，式 (5.58) と式 (5.60) から f について整理すると

$$f = \frac{64\mu}{\rho V D} = \frac{64}{Re} \tag{5.61}$$

が得られます。この式は，層流の場合の摩擦損失係数は，レイノルズ数のみにより計算できるということを意味しています。言い換えれば，層流の場合は管路壁面の材料（つるつるしていても，ざらざらしていても）は摩擦損失係数の値に影響しないということです。

5.9.2 乱流の摩擦損失係数

乱流の場合，摩擦損失係数の値は理論式から求められません。そのため，別の方法を用いるのですが，① ムーディー図を使用する，② コールブルクの式を使用する，③ マニングの式を使用する，といった三つの方法が存在します。

〔1〕**ムーディー図**　まずは，**ムーディー図**（Moody chart）を用いた方法を紹介します。ムーディーは，数々の提案された式や実験結果を一つの図にまとめ，レイノルズ数 Re，管路径 D，相当粗度 k の三つのパラメータから摩擦損失係数を計算できるようにしました。その図が，ムーディー図です（**図 5.13**）。図の特徴を説明します。図の縦軸は摩擦損失係数の値を，図の横軸はレイノルズ数の値を示しています。両方の軸ともに，対数表記されていることに注意してください。図にはレイノルズ数が小さい領域（0〜2000 程度）に，線が 1 本，レイノルズ数が大きい領域（4000 以上）には複数，線が引かれています。複数引かれている線は，相当粗度と管路径の違いによって使用される線が違うということを意味しています。また，複数引かれた線に着目すると，レイノルズ数が大きくなるにつれて線が横軸に平行になっている特徴があります。

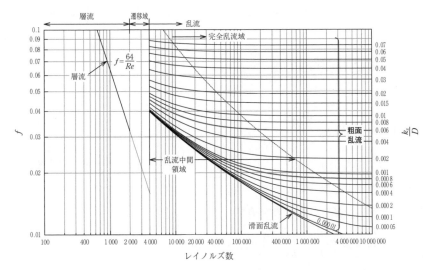

図 5.13　ムーディー図

この図は，四つの領域があると理解するとわかりやすくなります。一つ目は，レイノルズ数が 2000 以下の層流の領域です。先に示したように，層流の場合，摩擦損失係数は式 (5.61) で表されます。レイノルズ数の 2000 以下の領域に 1 本だけ引かれた線は，この式によって描かれた線です。二つ目は，完全乱流の領域です。この領域は，レイノルズ数が 7000 以上の所から破線で引かれた曲線よりも，右側の領域のことです。レイノルズ数が比較的大きい領域では複数の線が引かれていますが，破線より右側の同領域では各線が横軸に

平行になっていることがわかると思います。このことは，完全乱流の領域では，摩擦損失係数の値はレイノルズ数によらず，管路径と管路壁面の粗さ（相当粗度）のみによって決まることを示しています。三つ目の領域は，乱流中間領域と呼ばれ，レイノルズ数が4 000以上から破線で描かれた曲線の左側までの領域です。この領域は乱流の領域ですが，複数の線が存在し，かつそれらの線はレイノルズ数に従って小さくなっています。このことは，この領域においては，摩擦損失係数は，レイノルズ数，管路径，相当粗度の三つによって変化することを示しています。なお，粗度が0となる一番下側の線は，滑面乱流（なめらかな管で発生する乱流）に対応しています。四つ目の領域は，レイノルズ数が2 000から4 000までの区間です。この区間は層流と乱流の遷移域と呼ばれ，明確に摩擦損失係数を決定することが難しい領域です。この領域では線が明確に描かれておらず，点線で示されているのはそのためです。

〔2〕 **コールブルクの式**　ムーディー図は摩擦損失係数を求めるのに有用な図ですが，コンピュータを使って摩擦損失係数を求めたい場合には，数式のほうが有用です。そこで，乱流の流速分布式を変形することで，摩擦損失係数の値を求める方法が提案されています。式の導入については詳細に説明しませんが，なめらかな管の場合，摩擦損失係数は式(5.62)のように求められます。

$$\frac{1}{\sqrt{f}} = 2.03 \log_{10}(Re\sqrt{f}) - 0.91 \tag{5.62}$$

粗い管の場合は

$$\frac{1}{\sqrt{f}} = 1.68 + 2.03 \log_{10}\left(\frac{D}{2k}\right) \tag{5.63}$$

となります。計算で導出すると式(5.62)，(5.63)が得られるのですが，定数を少し変化させたほうが実験値とよく合うことが知られています。コールブルクは，定数を変化させた後に，これらの式を二つ統合したものを提案しています。

$$\frac{1}{\sqrt{f}} = -2.03 \log_{10}\left(\frac{2k}{D} + \frac{18.7}{Re\sqrt{f}}\right) + 1.74 \tag{5.64}$$

この式は，**コールブルクの式**（Colebrook equation）と呼ばれ，理論式と実験式を組み合わせたものであるため半経験式と分類されます。式(5.64)を用いて線を引けば，ムーディー図が得られます。なお，相当粗度の値は**表**5.3にまとめておきます。

〔3〕 **マニングの式**　ムーディー図やコールブルクの式からわかるように，レイノルズ数がきわめて大きくなると摩擦損失係数の値は，管路径と管路の粗さによってのみ変化することになります。実際に土木技術者が取り扱う管路の流れはレイノルズ数が十分に大きいとみなせることがほとんどですので，レイノルズ数を無視して摩擦損失係数を計算できる式

表5.3 円管路における相当粗度とマニングの粗度係数の値

管路種類・壁面の状態	相当粗度 k [mm]	マニングの粗度係数 n [m$^{-1/3}$·s]
塩化ビニル管	0〜0.002	0.009〜0.012
なめらかなコンクリート	0.015〜0.06	0.011〜0.014
ふつうのコンクリート管	0.1〜0.4	0.012〜0.016
新しい溶接鋼管	0.01〜0.15	0.011〜0.014
古い溶接鋼管	0.5〜3	0.013〜0.017
新しい鋳鉄管	0.02〜0.5	0.012〜0.014
古い鋳鉄管	1〜5	0.015〜0.02

のほうが簡単です。そこで現在でも，**マニングの式**（Manning formula）と呼ばれる古典的な式を用いて摩擦損失係数を計算する手法がとられます。この式は，管路だけでなく開水路を含む，水路の平均流速を求めるためにも用いられます（実際には開水路流れのほうがよく用いられますので，詳しくは第6章で説明します）。

$$v = \frac{1}{n} R^{2/3} i_f^{1/2} \tag{5.65}$$

ここで，i_f は摩擦損失によるエネルギー勾配，n はマニングの粗度係数と呼ばれ，壁面の粗さを表す定数です。また，R は**径深**（hydraulic radius）と呼ばれる，断面積を潤辺長（水に触れている管の断面の辺の長さ）で割ったパラメータです。詳しくは第6章で説明しますが，円管路の場合には，$R = D/4$ が成り立ちます。i_f は摩擦損失（式(5.57)）を管路長さ L で除したものに等しいので，代入して整理すると

$$f = \frac{8gn^2}{R^{1/3}} = \frac{12.7gn^2}{D^{1/3}} \tag{5.66}$$

が得られます。この式が実務者にとって有用なのは，ムーディー図やコールブルクの式よりも計算が容易である点です。**粗度係数**（coefficient of roughness）は，多くの実験や実測により標準的な数値が与えられています（表5.3）。したがって，摩擦損失係数を求めるためには，管路の材料に合わせた n を表から選択し，式(5.66)に代入するだけで求められます。

5.10 形 状 損 失

　ここからは，管路の摩擦ではなく，管路形状の変化によって生じるエネルギー損失（形状損失）を考えます。形状損失は，**図5.14**に示すように流れのねじれや，境界面からの流れの剥離にともなう渦の発生によって生じます。渦の発生を理論的に取り扱い，数式を厳密に導くことは残念ながら現在でも困難です。一方で，これまでに数多くの実験が行われた結果，実務で用いるのには十分な精度の形状損失の計算方法が提案されています。一般に，

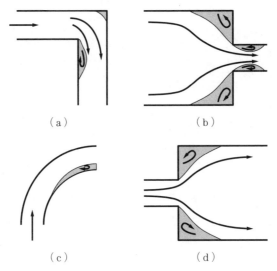

図5.14 形状損失の発生

h_m を形状損失とすれば

$$h_m = K \frac{v^2}{2g} \tag{5.67}$$

を用いて計算できます。ここで、K は**形状損失係数**（minor loss coefficient）と呼ばれる係数で、管路形状やレイノルズ数の違いによって変化します。以下に、種々の管路形状変化ごとの形状損失係数 K を示していきます。なお、一点注意しなければならないのが、損失を求める上で用いる流速は、変化部前後の流速のうち、大きいほうを使うルールが定められていることです。例えば、図 (b) のように管路の大きさが縮小する場合には、縮小後の流速が大きくなるので、その流速を式に代入して形状損失の値を求める必要があります。

5.10.1 断面変化による形状損失

断面が変化する場合の形状損失を考えます。断面積の変化には、図5.14 (b), (d) のように急激に変化する場合と、ゆるやかに変化する場合の二つがあります。

〔1〕**急 拡 損 失**　図5.15に示す管路急拡部前後では、**急拡損失**（sudden expansion loss）が発生し、式 (5.68) で表されます。

$$h_{se} = \left(\frac{v_1^2}{2g} + \frac{p_1}{\rho g}\right) - \left(\frac{v_2^2}{2g} + \frac{p_2}{\rho g}\right) = K_{se}\frac{v_1^2}{2g} \tag{5.68}$$

ここに、K_{se} は急拡損失係数です。この損失係数 K_{se} は理論的に導出することが可能です。K_{se} を求めるために、連続式と運動量保存の式を図5.15に適用します。まず、連続式から

$$Q = v_1 A_1 = v_2 A_2 \tag{5.69}$$

が成り立ちます。つぎに、運動量保存の式を断面Ⅰと断面Ⅱに適用します。断面Ⅰの渦の中

5.10 形 状 損 失

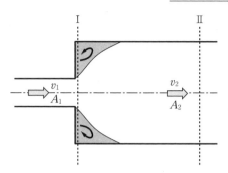

図 5.15 断面の急拡による損失の発生

の圧力がそれ以外の圧力とほぼ等しいと仮定すると

$$\rho Q v_2 - \rho Q v_1 = p_1 A_2 - p_2 A_2 \tag{5.70}$$

が得られます。断面Ⅰでの圧力の作用面積を A_2 としていることに注意してください。式 (5.68)〜(5.70) を整理すれば

$$h_{se} = K_{se} \frac{v_1^2}{2g} = \frac{1}{2g}(v_1 - v_2)^2 = \left(1 - \frac{A_1}{A_2}\right)^2 \frac{v_1^2}{2g} \tag{5.71}$$

が得られます。つまり，急拡前後の断面積比がわかれば，損失水頭を求めることが可能です。なお，式 (5.71) による損失係数は，実験による測定値とほとんど一致することが確認されています。

〔2〕**急 縮 損 失**　図 5.14（b）に示す管路急縮前後で発生する損失（**急縮損失**（sudden contraction loss））を考えます。流体が断面積の大きな管路から小さな管路に流入する場合，さらに小さな断面積の流れとなり，管路壁面付近に渦が生じます。この渦の発生により，エネルギー損失が生じます。このときの急縮による損失水頭 h_{sc} は

$$h_{sc} = K_{sc} \frac{v^2}{2g} \tag{5.72}$$

により計算できます。ここに，K_{sc} は急縮損失係数です。K_{sc} の値は実験により求められた，**表** 5.4 に示す値を使うのが一般的です。表中，D_1 は急縮前の管路径，D_2 は急縮後の管路径です。なお，表には管路径の比を 0.1 間隔として損失係数を掲載していますが，その間の管路径比を使いたい場合には，表の値を内挿して用います。また，管路の形状が円形ではない場合には，その断面積に相当する円管路の管路径を逆算し（$D = \sqrt{4A/\pi}$），計算に用いるといった工夫がなされます。

表 5.4 急縮による損失係数

D_2/D_1	0	0.1	0.2	0.3	0.4	0.5	0.6	0.7	0.8	0.9	1.0
K_{sc}	0.50	0.50	0.49	0.49	0.46	0.43	0.38	0.29	0.18	0.07	0.00

〔3〕**漸拡・漸縮損失** 管路断面積が徐々に大きくなる場合と，徐々に小さくなる場合にも管路壁面には渦が発生し，損失が生じます。漸拡損失 h_{ge} は，急拡損失の式に漸拡損失係数 K_{ge} を掛け合わせることで求められます。

$$h_{ge} = K_{ge} K_{se} \frac{v_1^2}{2g} \tag{5.73}$$

一方，漸縮損失 h_{gc} は，漸縮損失係数 K_{gc} を用いて

$$h_{gc} = K_{gc} \frac{v_2^2}{2g} \tag{5.74}$$

と表されます。漸拡損失係数・漸縮損失係数の値には，実験によって求められた値を使用することができます。詳しい値は，『水理公式集』を参照してください。

5.10.2 流出・流入による損失

〔1〕**流 出 損 失** 管路を流れる水が充分に大きな水槽やタンク，海などに流れ込む場合には，**流出損失**（exit loss）が生じ，式 (5.75) で表されます。

$$h_o = K_o \frac{v^2}{2g} \tag{5.75}$$

ここに K_o は流出損失係数と呼ばれ，1.0 に等しくなります。つまり，管路から水槽に水が流出する場合には，渦の発生により速度水頭のすべてが失われることになります。流出損失は，急拡損失において，急拡後の断面積が非常に大きい場合と解釈することもできます。実際に式 (5.71) より，急拡後の断面積 A_2 を無限大にすると，急拡損失の値が速度水頭と等しくなることが確認できます。なお，管路から空中に水が放流される場合には，渦が発生することはありませんので，流出損失水頭は 0 となりますので注意してください。

〔2〕**流 入 損 失** 水槽やタンク，海などから管路に水が流れ込む場合には，**流入損失**（entrance loss）が生じ，式 (5.76) で表されます。

$$h_e = K_e \frac{v^2}{2g} \tag{5.76}$$

ここに K_e は流入損失係数です。流入損失係数の値は流入部の形状によって異なります。例えば，流入部がなめらかに加工された円管の場合は $K_e = 0.1$，方形管の場合は $K_e = 0.2$ となります。ベルマウス型の場合は，さらに小さく $K_e = 0.01 \sim 0.05$ となります。一方，流入部が直角に接続されている場合には，流入損失係数の値は $K_e = 0.5$ となります。この場合の流入損失係数は，急縮損失において，急縮前の断面積が非常に大きい場合に求められる値と一致します。実際に表 5.4 から，急縮前の管路径 D_1 を無限大にすると，急縮損失係数が 0.5 となることが確認できます。

5.10.3 曲がりおよび屈折による損失

〔1〕曲がり損失 管路が緩やかにカーブしている場合には，**曲がり損失**（bending loss）が生じ，式 (5.77) で表されます。

$$h_b = K_{b1} K_{b2} \frac{v^2}{2g} \tag{5.77}$$

ここに K_{b1} はカーブの中心の角度が 90° の場合の損失係数です。この損失係数は曲率半径 ρ と管路径 D の関数として表されます。K_{b2} はカーブの角度が任意の角度の場合と 90° の場合の比を表しています。具体的な損失係数の値は『水理公式集』などを参照してください。

〔2〕屈折損失 管路が緩やかにカーブする代わりに，折れ曲がって角度が変化する場合には，曲がり損失の代わりに**屈折損失**（英語では，屈折損失，曲がり損失を区別せず，bending loss と呼びます）を式 (5.78) により計算します。

$$h_{be} = K_{be} \frac{v^2}{2g} \tag{5.78}$$

$$K_{be} = 0.946 \sin^2 \frac{\theta}{2} + 2.05 \sin^4 \frac{\theta}{2} \tag{5.79}$$

ここに K_{be} は屈折損失係数で，式 (5.79) に示す実験式から計算することができます。θ は屈折角です。

5.10.4 そのほかの形状損失

これまでに示した形状損失のほかにも，形状損失は存在します。例えば，管網の分岐部・合流部で生じる損失や，バルブなど管路内に障害物があることで生じる損失などです。各種の損失係数の求め方は『水理公式集』などに示されており，実務の場面においては必要な損失係数の評価方法をそういった文献から探してくることになります。

5.11 エネルギー線と動水勾配線

管路の流れの様子を把握するためには，流れ方向のエネルギー変化や圧力水頭の変化を目で見ることができれば，非常にわかりやすくなります。管路の断面に小さな孔をあけ，**マノメータ**（manometer）を立てると，中の水面は圧力水頭分だけ上昇します。基準面から管路中心軸までの高さを位置水頭とした場合，基準面からこの水面までの距離は**ピエゾ水頭**（piezometric head）と呼ばれます。管路の各断面でピエゾ水頭は計算できますので，それぞれを結べば一つの曲線が得られます。この線のことを，**動水勾配線**（hydraulic grade line）といい，線の傾きを動水勾配といいます。この動水勾配線に，各断面の速度水頭の高さを加

えれば，全エネルギーの変化を示す曲線が得られます。この線のことを，**エネルギー線**（energy grade line）といいます。各段面のエネルギー線の高さは，基準面からの位置水頭，圧力水頭，速度水頭の和に等しくなります。図 5.16 では管路の流れ方向に従って，エネルギー線が下向きに傾いています。これは流体が管路を流れることで摩擦損失が発生するため，上流側よりもエネルギーが小さくなっていることを示しています。また，定義よりエネルギー線と動水勾配線の間隔は速度水頭ですので，エネルギー線との間隔，管路中心との間隔を見れば，感覚的にどのくらいの圧力水頭や速度水頭の変化が流れ方向にあるのかを理解することができます。

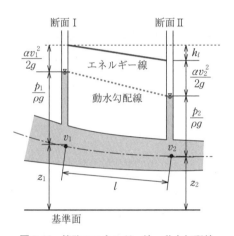

図 5.16 管路のエネルギー線，動水勾配線

さて，それでは**図 5.17** に示すように，管路径がさまざまに組み合わさった管路流れに対して，エネルギー方程式を適用するとともに，エネルギー線と動水勾配線を描いてみましょう。まず，水槽1と水槽2にエネルギー方程式を適用すると

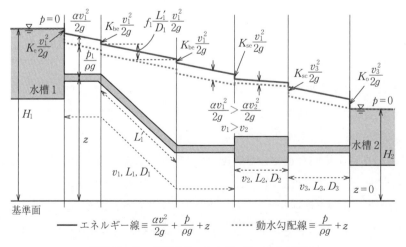

図 5.17 単一管路系のエネルギー線，動水勾配線

5.11 エネルギー線と動水勾配線

$$H_1 = H_2 + h_f + h_m \tag{5.80}$$

$$H_1 = H_2 + f_1\frac{L_1}{D_1}\frac{v_1^2}{2g} + f_2\frac{L_2}{D_2}\frac{v_2^2}{2g} + f_3\frac{L_3}{D_3}\frac{v_3^2}{2g} + K_e\frac{v_1^2}{2g} + K_{be}\frac{v_1^2}{2g} + K_{be}\frac{v_1^2}{2g} + K_{se}\frac{v_1^2}{2g}$$
$$+ K_{sc}\frac{v_3^2}{2g} + K_o\frac{v_3^2}{2g} \tag{5.81}$$

となります。摩擦損失は管路の経が変化するたびに，その管路径を使って計算する必要があることに注意してください。形状損失は，流入損失，屈折損失，急拡損失，急縮損失，流出損失が生じます。急拡損失，急縮損失では速度水頭の計算に，速度の大きいほうを用いていることに注意してください。水理学の問題では，二つの水槽間の水頭差を与条件にして，管路内の流量を求める問題と，逆に管路内の流量を与条件にして，二つの水槽間の水頭差を求める問題がよく出されます。本章末の演習問題を通じて，解き方に習熟してください。

エネルギー線を実線で，動水勾配線を破線で描きました。いくつか注意を述べます。第一に，水槽においては，流速が十分に小さいとみなせるため，速度水頭は0になります。そのため，水槽ではエネルギー線と動水勾配線は一致しています。第二に，それぞれの直線の傾きは，その区間での摩擦損失の勾配と一致します。管路径が変化すると摩擦損失の大きさが変わるため，直線の勾配が変わっていることに着目してください。第三に，管路径の変化により，流速が変わりますので，エネルギー線と動水勾配線の間隔（＝速度水頭）が変化していることにも注意してください。第四に，形状損失が生じるとエネルギー線と動水勾配線ともに下方向に向かっていることも確認してください（各直線間の段落が形状損失を示しています）。例えば，水槽1から管への入口では流入損失がありますから，その分エネルギー線

コラム3：管路の設計と水理学

管路の水理に関連する知識も上水道・下水道や地下河川，ダムの仮排水路の設計などに不可欠なもので，実際の業務でも頻繁に使用しています。上水道施設のように，水圧をかけて送水をする場合は，ベルヌイの定理を基礎に，管内流速，エネルギー損失など設計に必要な水理量を計算していきます。

一方，下水管や地下河川，ダム建設時の仮排水路トンネルなどは，常時は開水路（自由水面）での水理計算が必要になりますが，大雨のような異常時には管路が満水になり，いわゆる管水路の水理学の知識を使って断面形状などを決めていく必要があります。特に，開水路から管水路への遷移（またはその逆）時には管路に流すことができる流量が大きく変化するので，安全に必要な流量を流下させるために設計上の注意が必要です。

また，多くの管路は地中に建設されます。水道管のように水圧により送水する管は地形に沿って埋設することができますが，下水道管のように自然流下の場合は地表に沿った埋設ができず，断面の大きさや勾配の少しの違いが工事数量・工事費を大きく左右することになりますので，安全面に加えコストの面も考えながら最適解を探していくことが必要です。

も下がる必要があります。管から水槽2への流出では，すべての速度水頭が出口で失われることになります。ただし，動水勾配線は管路径が大きくなり，速度水頭が小さくなる場合には，上方向に向かうこともあり得ます。

5.12 サイフォンの流れ

図5.18に示すように，上流側の水面よりも高いところに管路の一部が位置し，下流側に放流している水路を**サイフォン**（siphon）といいます。サイフォンは，例えばある貯水槽から丘を越えて，隣の町まで水を運びたい場合などに用いられます。描いた動水勾配線を見ればわかるように，動水勾配線よりも管路の設置高さが高くなっている部分があります。管路位置が動水勾配線より高いということは，圧力水頭がマイナスである，ということを意味します。水が流れる上で，圧力がマイナスになること自体には問題ありません。しかし，水の場合，圧力は完全真空値（圧力水頭にすると−10.3 m）よりも小さくなることはできないので，これよりも小さくなると，管路の内部で空洞（キャビテーション）が発生し，水を流すことができなくなってしまいます。したがって，サイフォンを設計する場合には，サイフォンの頂部で圧力水頭が小さくなりすぎないように配慮する必要があります。なお，理論的には−10.3 mまで圧力水頭を下げることができますが，実際には水の中に溶解している気体がそれよりも小さい圧力で溶出し，管路断面を気体で満たすことで，流れが阻害されます。そのため，実務においては，管路最頂部の最低圧力水頭が−8～−9 m程度よりも大きくなるように設計をします。

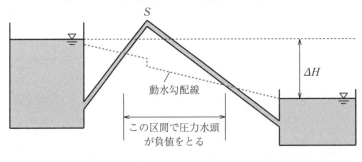

図5.18 サイフォン

5.13 分岐・合流管路の流れ

図5.19に示すような三つの貯水槽に接続された管路を例に，分岐・合流がある流れを計

5.13 分岐・合流管路の流れ

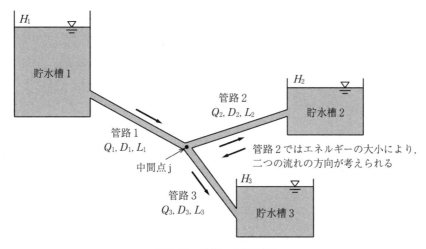

図 5.19 分岐・合流の流れ

算してみましょう。ここで重要なのは、各貯水槽 1, 2, 3 と中間点 j の間の管路流れの方向を考えることです。

まず、貯水層 1 と中間点 j の管路では、中間点 j に向かう方向に水が流れるのは明らかです。また、貯水槽 3 と中間点 j の管路でも、貯水槽 3 の方向に水が流れるのは明らかです。問題は、貯水槽 2 です。エネルギーの大きさによって、中間点 j から貯水槽 B の方向に流れる可能性（分岐）と、貯水槽 B から中間点 j に向かって流れる可能性（合流）の二つが考えられます。したがって、エネルギー方程式は

$$H_1 = h_j + f_1 \frac{L_1}{D_1} \frac{v_1^2}{2g} + \sum K_{i1} \frac{v_1^2}{2g} \quad \text{（管路 1）} \tag{5.82}$$

$$h_j = H_2 + f_2 \frac{L_2}{D_2} \frac{v_2^2}{2g} + \sum K_{i2} \frac{v_2^2}{2g}$$

$$\text{or} \quad H_2 = h_j + f_2 \frac{L_2}{D_2} \frac{v_2^2}{2g} + \sum K_{i2} \frac{v_2^2}{2g} \quad \text{（管路 2）} \tag{5.83}$$

$$h_j = H_3 + f_3 \frac{L_3}{D_3} \frac{v_1^2}{2g} + \sum K_{i3} \frac{v_3^2}{2g} \quad \text{（管路 3）} \tag{5.84}$$

となります。連続式は流れの方向によって、式 (5.85) の二つの可能性があります。

$$Q_1 = Q_2 + Q_3 \quad \text{or} \quad Q_1 + Q_2 = Q_3 \tag{5.85}$$

一般に各水槽の全水頭 H と形状損失 K は与条件になりますので、未知数は三つの Q と h_j の合計四つです。したがって、四つの連立方程式を解くことでこれらを求めることができますが、まずは流れの方向を仮定し、どの四つの式を使うかを決める必要があります。その後、実際に Q と h_j について解き、Q がそれぞれの式を満たすようであれば、流れの方向の仮定が正しいと確認できます。逆に、Q が式を満たさない場合には、流れの方向を逆に仮定

して計算し直すことになります。

　管路がより複雑な場合には，**管網**（pipe network）と呼びますが，多元の連立方程式を解くことによって解くことができます。このときには，**ハーディ・クロス法**（Hardy-Cross method）と呼ばれる近似計算法を用いるのが便利です。ハーディ・クロス法については，演習問題【5.9】の解答（巻末）に記載していますので，挑戦してみてください。また，演習問題【5.8】，【5.9】を解くのに有効な Excel ファイルはまえがきで紹介した本書のサポートページからダウンロードすることが可能です。

演　習　問　題

【5.1】**問図 5.1** に示すように直径 20 cm の管が一度 18 cm に縮小して再び 24 cm に拡大しています。管路に 0.140 m³/s の水が流れ，点 A での圧力が 32.0 kN/m² であるとき，点 B および点 C での流速と圧力水頭を求めてください。ただし，摩擦損失・形状損失は無視できるものとします。

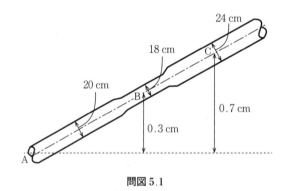

問図 5.1

【5.2】水中における 0.1 秒ごとの流速計測の結果，**問表 5.1** に示すデータを得ました。レイノルズ応力の大きさを求めてください。また，平均流の勾配が次式であるとするとき，混合距離，渦動粘性係数の値はいくらか求めてください。

$$\frac{d\bar{u}}{dy} = -0.35 \text{ s}^{-1}$$

問表 5.1

時間 [s]	0	0.1	0.2	0.3	0.4	0.5	0.6	0.7	0.8	0.9
u [cm/s]	5.80	6.12	5.38	5.07	6.02	5.88	6.15	6.01	6.15	6.22
v [cm/s]	0.05	−0.04	−0.10	−0.04	−0.02	0.10	0.03	0.06	0.02	−0.06

【5.3】プラントルの混合距離理論において，$l = \kappa z$（κ：const.）とおくことによって式 (5.41) を求めてください。ただし，せん断応力の値は z 方向に変化しません。また，なめらかな管路を対象に，$D/2 = 9$ cm，$\tau/\rho = 23$ cm²/s²，$\nu = 0.01$ cm²/s の場合について流速分布を図示して

ください。

【5.4】 水面差 5 m の二つのオイルタンクを径 20.0 cm, 長さ 120 m の鋳鉄管で結んだときの流量を求めてください。また，このときの摩擦損失係数 f をムーディー図を用いて求めてください。ただし，オイルの動粘性係数 ν を $10^{-5}\,\mathrm{m^2/s}$, 鋳鉄管の相当粗度 k を 0.03 cm とします。また，形状損失は発生しないと仮定します。

【5.5】 前問【5.4】をマニングの式により解き，考察を加えてください。ただし，鋳鉄管のマニングの粗度係数 n を $0.012\,\mathrm{m^{-1/3}/s}$ とします。

【5.6】 問図 5.2 において，最大の流量を得るには水位差 ΔH をいくらにとればよいでしょうか。また，そのときの流量はいくらですか。ただし，内径 30 cm, AB：15 m, BC：35 m, $n=0.012\,\mathrm{m^{-1/3}/s}$, $K_e=0.2$, $K_b=0.3$, $K_o=1.1$, $\alpha=1.1$, $(p/\rho g)_{\min}=-9\,\mathrm{m}$ とします。

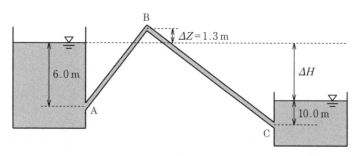

問図 5.2

【5.7】 問図 5.3 のように，水面差 50 m の二つの貯水池を水平円管路で結びます。$n=0.012\,\mathrm{m^{-1/3}/s}$, $K_e=0.3$, $K_{sc}=0.4$, $K_o=\alpha=1.1$ として，動水勾配線，エネルギー線を描き，流量を求めてください。ただし，K_{se} は式 (5.71) により計算し，また，エネルギーは右側貯水池水面 F で 0 とします。

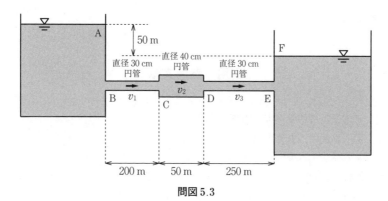

問図 5.3

【5.8】 問図 5.4 のように三つの貯水池が円管路で連結されています。各種条件を問表 5.2 のとおりとするとき，各管の流量を求めてください。ただし，マニングの粗度係数 $n=0.01\,\mathrm{m^{-1/3}/s}$, $K_e=0.3$, $K_o=1.0$ とし，曲がりや分岐，合流による損失は無視できるものとします（エネルギー補正係数 α も 1.0 とします）。

74   5. パイプの中の水の流れ：管水路の水理

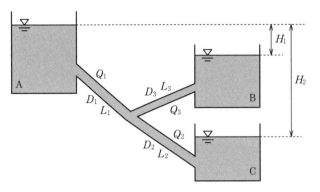

問図 5.4

問表 5.2

i	1	2	3
管路の直径 D_i 〔cm〕	20	30	20
管路の長さ L_i 〔m〕	40	60	50
高さ H_i 〔m〕	2	9	—

【5.9】 問図 5.5 のような管網において，各種条件を問表 5.3 のとおりとするとき，各管内の流量を求めてください。ただし，マニングの式が成立し，マニングの粗度係数 $n=0.012\,\mathrm{m^{-1/3}/s}$ とする。ただし，摩擦以外の損失は無視できるものとします。

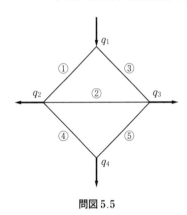

問図 5.5

問表 5.3

管	①	②	③	④	⑤
管路の直径〔m〕	0.4	0.4	0.3	0.4	0.3
管路の長さ〔m〕	500	800	500	500	500

q_1 〔m³/s〕	q_2 〔m³/s〕	q_3 〔m³/s〕	q_4 〔m³/s〕
1.2	0.4	0.3	0.5

引用・参考文献

1) 吉川秀夫：水理学，技報堂出版（1976）
2) 日野幹雄：明解水理学，丸善出版（1983）
3) 禰津家久，冨永晃宏：水理学，朝倉書店（2000）
4) 内山久雄 監修，内山雄介 著：ゼロから学ぶ土木の基本 水理学，オーム社（2013）
5) F. M. White: "Fluid Mechanics (8th Edition)", McGraw-Hill (2015)
6) 土木学会 水理委員会 水理公式集改訂小委員会 編：水理公式集（平成 11 年度版），土木学会（1999）

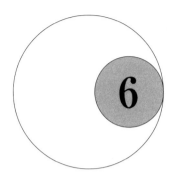

6 川の中の水の運動：開水路の水理

　第5章では，管の中を水が満たした状態で流れる管水路の流れを学習しました。管水路の流れでは，管の断面が変化しなければ流水断面は変化しません。第6章では，川における流れのように，大気に触れている水面があり，流量が一定で川の断面が変化しない場合でも，ときに流水断面を変化させながら流れていく流れである**開水路の流れ**（open channel flow）を学習します。

6.1　開水路の流れ

6.1.1　管水路の流れと開水路の流れ

　図6.1 に管水路の流れと開水路の流れの流水断面の違いを示します。図からわかるように，開水路の流れは，管水路の流れと異なり，大気と触れている水面を持ち，時間や場所によってその位置が変化する流れになります。水理学では，大気と触れている水面を**自由水面**（free surface）といいます。

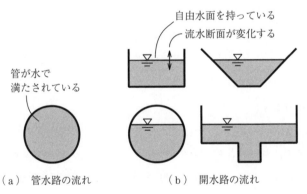

（a）　管水路の流れ　　　（b）　開水路の流れ
図 6.1　管水路の流れと開水路の流れの流水断面の違い

　自由水面を持つことに加えて，開水路の流れが管水路の流れと異なる点の一つは，重力の作用によって高い場所から低い場所へ流れていくということです。管水路の流れでは，管水路の入口と出口との間に圧力の差があれば，低い場所から高い場所へも流れることができます。一方で，開水路の流れでは，流れを引き起こす主たる力は重力ですので，基本的には高い場所から低い場所へ流れていきます。

6.1.2 開水路の流れを表す物理量

開水路の流れの特徴を表す物理量について，最も簡単な形状である長方形断面水路を例にして整理します。開水路の流れでは，水と壁面が触れている部分で流れに逆らう方向に摩擦力が生じるため，この両者が触れている部分の長さが重要な意味を持ちます。この水と壁面が触れている部分の長さのことを**潤辺**（wetted perimeter）といいます。さらに，流水断面積を潤辺で割ることで得られる**径深**も開水路の流れを表す長さの一つとしてよく用いられます[†]。径深が小さいほど，壁面から受ける摩擦力の影響が大きいと考えることができます。長方形断面水路（**図6.2**参照）では，水路幅をB，流れの水深をh，流水断面積をAとすると，潤辺Sと径深Rは式(6.1)，(6.2)で表されます。

$$S = B + 2h \tag{6.1}$$

$$R = \frac{A}{S} = \frac{Bh}{B+2h} \tag{6.2}$$

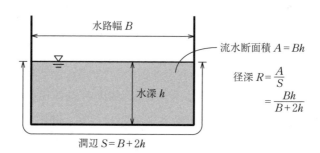

図6.2 長方形断面水路における流れを表す物理量

開水路の流れを考える際には，流水断面内の各点における流速ではなく，流れの流量Qを流水断面積Aで割ることで得られる断面平均流速vをよく用います。また，長方形断面水路における流れを考える際には，流量Qを水路幅Bで割ることで得られる単位幅流量qを用いることもあります。

実際の川には，水深が小さく，それに比べて川幅が非常に大きいものがよく見られるため，このような川の流れを水深に対して水路幅が十分に広い長方形断面水路の流れとみなして扱うことがあります。このような水路は広幅長方形断面水路と呼ばれます。広幅長方形断面水路で考えることの利点の一つは，径深の扱いが簡単になることにあります。水路幅Bが水深hよりも十分に大きい（$B \gg h$）と考えるため，$h/B \approx 0$と近似することができ，径深Rは次式のように水深hで近似できることになります。

$$R = \frac{Bh}{B+2h} = \frac{h}{1+2(h/B)} \approx h \tag{6.3}$$

[†] 内径Dの管水路の流れで同様の物理量を考えると，$A/S = (\pi D^2/4)/(\pi D) = D/4$となるので，開水路の流れにおける径深は，開水路の流れにおける内径に相当する物理量であると考えることができます。

開水路の流れの状態を表す重要な物理量の一つとして，**フルード数**（Froude number）という無次元量があります。この名前はイギリスの技術者フルード（W. Froude, 1810-1879）にちなんでいます。長方形断面水路では，フルード数 Fr は次式で表されます[†1]。

$$Fr = \frac{v}{\sqrt{gh}} \tag{6.4}$$

式 (6.4) 中の $\sqrt{gh}$ は，水深 h の流れのない水の水面に生じた変化が四方に伝わっていく速さを表します（詳しくは 6.4.2 項を参照してください）。したがって，フルード数とは，扱っている流れの流速とその流れと同じ水深を持つ静水面に生じた変化が伝わっていく速さとの比，ということができます。

6.1.3 開水路の流れの種類

水理学では，時間によって流速や水深などが変化しない流れを**定常流**または**定流**（steady flow），変化する流れを**非定常流**または**不定流**（unsteady flow）といいます[†2]。それに加えて，開水路の流れでは，場所によって流速や水深が変化しない流れを**等流**（uniform flow），変化する流れを**不等流**（non-uniform flow, varied flow）といいます。さらに，不等流は，長い距離をかけて緩やかに変化する**漸変流**（gradually varied flow）と，障害物や段差などによって短い距離で急激に変化する**急変流**（rapidly varied flow）とに分けられます。したがって，開水路の流れの種類は，時間的な変化と場所的な変化の有無を踏まえると，**図 6.3** のように分類することができます。

図のように分類される流れのうち，非定常流の等流は実際にはほとんど起こることがありませんので，扱われることはあまりありません[†3]。したがって，それを除いた，定常流の等

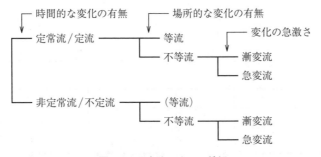

図 6.3 開水路の流れの種類

[†1] 断面の形状が長方形でない場合のフルード数を求める際には，水深 h の代わりに，流水断面積を水面幅で割ることで得られる平均水深を用います。

[†2] 一般には，時間的に変化のないものは定常，変化のあるものは非定常といいますが，水理学では，その黎明期の代表的な教科書（本章末の文献 1）など）において，定流と不定流という用語が用いられており，伝統的にこれらの用語も用います。

[†3] 川の上流から下流まで一様な強度の雨が降り，水位が一様に変化していく流れなどは，非定常流の等流とみなすことができますが，このような流れを扱うことはあまりありません。

流，定常流の不等流，非定常流の不等流の三つが，開水路の流れで扱う主たる対象となります。断面や勾配が一様と考えることができる川において，これらの流れはそれぞれ，つぎのような流れに対応していると考えることができます。

（1） 定常流の等流：大雨などによる時間的な変化がない通常時の川の流れを局所的に見ると，場所による流速や水深の大きな変化はありません。このように川の流れを見るときは，定常流の等流とみなすことができます。

（2） 定常流の不等流：時間的な変化がない通常時の川の流れを広い視点で見ると，上流側や下流側の条件に応じて水深や流速が変化していることがわかります。このように川の流れを見るときは，定常流の不等流とみなすことができます。

（3） 非定常流の不等流：大雨などにより，水深や流速が通常時より大きくなり（このように川の水位が通常時よりも大幅に大きくなることを洪水といいます），流れが時間的にも場所的にも変化するときの川の流れは，非定常流の不等流とみなすことができます。

以上の三つが開水路の流れの学習において重要である流れです。そのため，開水路の流れを扱う際には，等流といえば定常流の等流，不等流といえば定常流の不等流，非定常流といえば非定常流の不等流を指すことが一般的です。本章では，これら三つを順に学習していきます。

実際の川の流れの例として，東京都と神奈川県の境を流れる多摩川の 2017 年の年間水位変動（図 6.4）を見てみます。基本的には一定の水位が保たれており，1 年のうちの限られた期間にしか水位の大きな変動は見られないことがわかります。2017 年の場合は，10 月下旬に，台風 21 号の大雨の影響による大幅な水位の変動が見られます。このように，川の流れはほとんどの期間は定常流とみなすことができ，限られた期間（洪水時）のみ非定常流とみなせばいいことがわかります。

開水路の流れも管水路の流れと同様に，レイノルズ数によって，流れが層流であるか乱流であるか判別することができます。開水路の流れの場合は，管水路の流れのレイノルズ数を

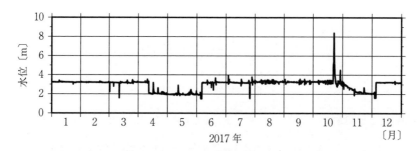

図 6.4 多摩川の田園調布（上）観測所における 2017 年の年間水位変動
（国土交通省のデータ[2]†を使用して作成）

† 肩付き番号は章末の引用・参考文献番号を示す。

求める式 (5.26) における内径を径深に置き換えた式を用います。ただ，実際に考える開水路の流れはそのほとんどが乱流であり，層流が問題となることはあまりありません。

さらに，開水路の流れは，前項の式 (6.4) で示したフルード数によって**常流**（subcritical flow）であるか**射流**（supercritical flow）であるか判別されます。フルード数が 1 より小さい流れを常流，1 より大きい流れを射流といいます。前項でのフルード数の説明を踏まえると，常流とは，水面に生じた変化が伝わる速さのほうが流れの流速より大きい流れ，射流とは，流れの流速のほうが水面に生じた変化が伝わる速さより大きい流れ，ということができます。したがって，常流では水面に生じた変化が上流にも下流にも伝わっていくことができますが，射流では水面に生じた変化は下流にしか伝わっていきません。常流と射流の区別はこれ以外にも開水路の流れにおいて重要な意味を持ちますので，6.3 節でさらに詳しく学習します。

6.2　等　　流

6.2.1　等　流　と　は

前節で学習したように，断面や勾配が一様な川における通常時の流れの一部を切り取ってみると，その部分の流れは**等流**（定常流の等流）とみなすことができます。この等流が生じている状態は，力学的には，流下方向において，流れを引き起こしている主たる力である重力と，水と壁面が触れている部分で生じている摩擦力が釣り合っている状態，と考えることができます。水理学では，川は非常に長い距離を流れており，断面や勾配に大きな変化が生じている地点から十分に離れている箇所では，水に作用する重力と摩擦力が釣り合っており，等流で流れていると考えます。

では，等流のときの開水路の流れを見ていきます。開水路の流れでも管水路の流れと同じように，長さの次元を持つ水頭（水の持つ単位重量当りのエネルギー，すなわちエネルギーを ρg で割ったもの）を用います。開水路の流れでは，扱っている断面における断面平均流速を v，水深を h，水路床の基準面からの高さを z とすると，この断面における流れの全水頭 H は次式で表されます（厳密には，5.8 節で学習したエネルギー補正係数 α を式に加える必要がありますが，ここでは $\alpha=1$ として省略しています）。

$$H=\frac{v^2}{2g}+h+z \tag{6.5}$$

この全水頭の式を用いて等流について考えてみます。水路勾配 i（水路床と水平面とのなす角は θ）の水路に，等流とみなすことのできる流れが生じているとします。この流れにおいて，**図 6.5** のように，上流側に断面 I，そこから距離 L だけ離れた下流側に断面 II をと

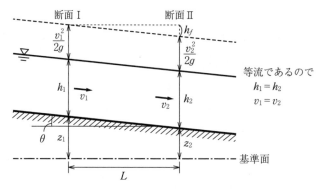

図 6.5 等流における各断面の全水頭

ります。断面ⅠとⅡにおける断面平均流速，水深，水路床の基準面からの高さをそれぞれ，v_1, h_1, z_1 と v_2, h_2, z_2 とすると，次式が成り立ちます。

$$\frac{v_1^2}{2g} + h_1 + z_1 = \frac{v_2^2}{2g} + h_2 + z_2 + h_\mathrm{f} \tag{6.6}$$

ここで，h_f は断面ⅠとⅡの間で摩擦力により失われた水頭（摩擦損失水頭）です。管水路の流れでは，摩擦損失水頭 h_f はダルシー・ワイスバッハの式（式 (5.57)）で与えられました。開水路の流れでは，この式の内径 D の代わりに径深 R を用い，摩擦損失係数は f' とします。図 6.5 の場合，摩擦力が作用している距離は水路床に沿っているので，$L/\cos\theta$ ですが，これは水路勾配が小さいときには L に近似することができます[†]。したがって，h_f は次式で与えられます。

$$h_\mathrm{f} = f' \frac{L}{R} \frac{v^2}{2g} \tag{6.7}$$

等流であるので $h_1 = h_2$, $v_1 = v_2$ であることを用い，さらに式 (6.7) を式 (6.6) に代入して整理すると，次式が得られます。

$$\frac{z_1 - z_2}{L} = f' \frac{1}{R} \frac{v^2}{2g} \tag{6.8}$$

ここで，$v_1 = v_2 = v$ としています。式 (6.8) の左辺は水路勾配 i に等しいことを用いると，式 (6.8) は次式のように書き換えることができます。

$$v = \sqrt{\frac{2g}{f'} Ri} \tag{6.9}$$

式 (6.9) より，径深が大きくなるほど（すなわち，流水断面積に対して潤辺が小さくなるほど），または，水路勾配が大きくなるほど，等流における断面平均流速が大きくなることがわかります。

[†] 開水路の流れで扱う水路は，多くの場合，水路勾配 i が小さく，水路床と水平面とのなす角を θ とすると，$\cos\theta \approx 1$, $\sin\theta \approx \tan\theta = i$ と近似することができます。

6.2.2 平均流速公式

前項において，等流における断面平均流速 v は，式 (6.9) のように表されることがわかりました。実際には，この v の関係式として平均流速公式と呼ばれる式が用いられています。平均流速公式は，多くの観測や実験によって得られた経験式で，特につぎの二つの式が長く用いられています。一つは，フランスの技術者シェジー（A. Chézy, 1718-1798）による**シェジーの式**（Chézy formula）です。

$$v = C\sqrt{Ri} \tag{6.10}$$

もう一つは，管水路の流れでも学習したアイルランドの技術者マニング（R. Manning, 1816-1897）による**マニングの式**です。

$$v = \frac{1}{n} R^{2/3} i^{1/2} \tag{6.11}$$

式 (6.10) の C と式 (6.11) の n はそれぞれ，**シェジーの係数**（Chézy coefficient）と**マニングの粗度係数**（Manning's roughness coefficient）と呼ばれます。式 (6.9) をシェジーの式（式 (6.10)），マニングの式（式 (6.11)）と比較すると，摩擦損失係数 f' とシェジーの係数 C，マニングの粗度係数 n との間には，式 (6.12) の関係があることがわかります。

$$f' = \frac{2gn^2}{R^{1/3}} = \frac{2g}{C^2} \tag{6.12}$$

6.2.3 マニングの式を用いた計算

等流における断面平均流速を求める式として，前項で二つの平均流速公式を紹介しましたが，実際にはこのうちマニングの式が広く用いられています。式中のマニングの粗度係数は，無次元量ではなく，$L^{-1/3}T$ の次元をもち，水と接している壁面の状態が粗くなるほど大きい値となります。値の単位としては，通常，$s/m^{1/3}$ が用いられます。マニングの粗度係数のさまざまな場合における値については，多くの観測や実験によってその値が求められています。例えば，マニングの粗度係数について多くの具体的な値を写真とともに紹介している文献 3) を見てみると，人工的な川や水路では，$0.01 \sim 0.02\,s/m^{1/3}$ 程度，自然の状態に近い川や水路では $0.02 \sim 0.1\,s/m^{1/3}$ 程度の値となることがわかります。

では，長方形断面水路を例にして，マニングの式を用いた計算について見ていきます。まずは，流量 Q を求める計算について考えてみます。水路勾配 i，水路幅 B，マニングの粗度係数 n が既知である水路に，等流とみなすことのできる流れが生じているとします。等流の水深は**等流水深**（normal depth）といい，h_0 で表します[†]。水深 h_0 も既知であるとすると，マニングの式（式 (6.11)）を用いて，断面平均流速 v を求めることができ，さらに，そ

[†] 等流水深を表す記号としては h_n を用いる場合もあります。

れに流水断面積 A を掛けることで流量 Q を求めることができます。

つぎに，等流水深 h_0 を求める計算について考えてみます。水路勾配 i，水路幅 B，マニングの粗度係数 n が既知である水路に，流量 Q の等流とみなすことのできる流れが生じているとします。このとき，もし，扱っている流れを広幅長方形断面水路の流れとみなすことができれば，径深 R を水深 h_0 で近似することができ

$$Q = vA = \frac{1}{n} R^{2/3} i^{1/2} \times A \approx \frac{1}{n} h_0^{2/3} i^{1/2} \times B h_0 \tag{6.13}$$

となり，次式より水深 h_0 を求めることができます．

$$h_0 = \left(\frac{nQ}{B\sqrt{i}}\right)^{\frac{3}{5}} = \left(\frac{nq}{\sqrt{i}}\right)^{\frac{3}{5}} \tag{6.14}$$

広幅長方形断面水路の流れとみなすことができない場合は

$$Q = vA = \frac{1}{n} \left(\frac{Bh_0}{B+2h_0}\right)^{2/3} i^{1/2} \times B h_0 \tag{6.15}$$

となるので，例えば，式 (6.15) を

$$h_0 = \left(\frac{nQ}{B\sqrt{i}}\right)^{\frac{3}{5}} \left(1 + \frac{2h_0}{B}\right)^{\frac{2}{5}} \tag{6.16}$$

というように書き換えて繰返し計算を行うことで，水深 h_0 を求めることができます（繰返し計算の具体例は，章末の演習問題【6.3】を参照してください）。

コラム4：河川の計画と水理学（開水路の水理）

　実際の河川で洪水対策などを検討する場合は，水文学とこの本で学んでいる水理学の両方を使うことになります。ごくごく単純化した言い方をすると，水文学的知見をもって降雨の頻度や河川への流出までを解析し，算出された流出量を対象とする河川が安全に流下させることができるか否か，あるいは安全に流下させるにはどの程度の河道断面が必要かといった検討を水理学を用いて行うという手順になります。

　このような河道の水理学的特性の検討や河道断面の設計には，開水路の水理のうち，等流，不等流，不定流の知識が不可欠です。特に，都市河川のように，河川の断面が一定で，洪水のピーク流量を一定時間流下させる能力を持たせたい場合は，等流計算で河道断面を決定します。一方，自然な状態にある河川は，断面や水深が変化するため，不等流計算（6.6節）を用いて洪水時ピーク流量の流下能力を計算したり，必要な堤防の高さを決定したりしています。

　さらに，自然の河川では，河道断面や河川勾配の変化点などで，流れの性質が変わること（常流から射流への変化や跳水の発生など）がよくあります。実際の河川計画では，等流，不等流，不定流の定量的な計算方法の知識に加え，流れの性質についての知識も必要となります。

6.3 常流と射流

6.3.1 比エネルギー図における常流と射流

前節において，開水路の流れにおける全水頭は，式 (6.5) で表されることを学習しました。全水頭は，水路床より下にとった基準面からの水のもつ単位重量当りのエネルギーを表します。この全水頭より基準面から水路床までの分を除いたもの，すなわち，水路床を基準面としたときの水の持つ単位重量当りのエネルギーを**比エネルギー**（specific energy）といいます。したがって，比エネルギー E は式 (6.17) で表されることになります。

$$E = \frac{v^2}{2g} + h \tag{6.17}$$

比エネルギーを用いた考え方は，開水路の流れの特徴を理解するときにとても役立ちます。本節では，比エネルギーを用いて開水路の流れを見ていきます。

水路幅が B で断面が一様な長方形断面水路に，一定の流量 Q の水を流すときの比エネルギーについて考えてみます。このとき，長方形断面水路における比エネルギー E は，次式で表されます。

$$E = \frac{Q^2}{2gB^2h^2} + h \tag{6.18}$$

例えば，演習問題【6.5】のように，水路幅 B と流量 Q をある一定の値であるとしたときに，式 (6.18) を用いてさまざまな水深に対応する比エネルギーを計算し，横軸を比エネルギー，縦軸を水深として，両者の関係を図にすると，**図 6.6** のような図が得られます。このようなある一定の流量に対する比エネルギーと水深の関係を示した図を**比エネルギー図**（specific energy diagram）といいます。

比エネルギー図を見ると，まず，比エネルギーが最小となる点があることがわかります。

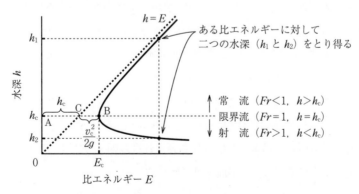

図 6.6 比エネルギー図

この点は，$dE/dh=0$ となる点であるので，この点における流れの水深を h_c とすると，式 (6.18) より

$$-\frac{Q^2}{gB^2 h_c^3} + 1 = 0 \tag{6.19}$$

となり，h_c は次式で表されることがわかります．

$$h_c = \sqrt[3]{\frac{Q^2}{gB^2}} = \sqrt[3]{\frac{q^2}{g}} \tag{6.20}$$

さらに，この点における流れのフルード数 Fr_c を計算すると

$$Fr_c = \frac{Q/Bh_c}{\sqrt{gh_c}} = \frac{Q}{B\sqrt{gh_c^3}} = \frac{Q}{B\sqrt{g \times (Q^2/gB^2)}} = 1 \tag{6.21}$$

となり，$Fr_c = 1$ であることがわかります．以上より，一定の流量に対して比エネルギーが最小となる流れがあり，その流れではフルード数が1となることがわかりました．このような流れを**限界流**（critical flow）といい，その水深 h_c を**限界水深**（critical depth），流速 v_c を**限界流速**（critical velocity）といいます．限界流速 v_c は，フルード数が1であることから

$$v_c = \sqrt{gh_c} \tag{6.22}$$

であることがわかります．

比エネルギー図を見ると，もう一つわかることがあります．それは，図6.6の h_1 と h_2 のように，限界流より大きい比エネルギーをもつ流れでは，ある比エネルギーに対してとり得る水深が二つあるということです．この二つの水深のうちの一方は，もう一方の**交代水深**（alternate depth）と呼ばれます．大きいほうの水深 h_1 における流れのフルード数を計算すると1より小さくなり，流れは常流であることがわかります．一方，小さいほうの水深 h_2 における流れのフルード数を計算すると1より大きくなり，流れは射流であることがわかります．このように，限界流を除くと，ある比エネルギーに対して，一定の流量を流すことのできる流れは2種類あり，一方は常流でもう一方は射流であることがわかります．さらに，流れが常流であるか射流であるかは，フルード数が1より小さいか大きいかだけではなく，水深が限界水深より大きいか小さいかでも判別できることもわかります．

図6.6の比エネルギー図には，$h = E$ で表される直線が引いてあります．比エネルギー図の曲線は，水深が大きくなるにつれてこの直線に漸近していきます．さらに，この直線は，それぞれの比エネルギーに対して，水深と速度水頭が担っている分を分かつ線とみなすことができます．例えば，限界流の場合について見てみると，線分 AB の長さで表される比エネルギー E_c に対して，水深 h_c は線分 AC の長さ分，速度水頭 $v_c^2/2g$ は線分 BC の長さ分をそれぞれ担っていることになります．両者の配分の比率は

$$E_c = \frac{Q^2}{2gB^2 h_c^2} + h_c = \frac{Q^2}{gB^2} \times \frac{1}{2h_c^2} + h_c = \frac{h_c^3}{2h_c^2} + h_c = \frac{3}{2} h_c \tag{6.23}$$

より，水深が2/3を担い，速度水頭が1/3を担っていることがわかります．同様に，常流と射流の場合についても配分の比率を見てみると，限界流から常流側に行くにつれて，水深の担う比率が大きくなり，射流側に行くにつれて，速度水頭の担う比率が大きくなることがわかります．したがって，定性的には，常流は水深が大きく，流速が小さい流れであり，射流は水深が小さく，流速が大きい流れであるということができます．エネルギーの観点からいえば，常流は位置エネルギーが大きく，運動エネルギーが小さい流れ，射流は位置エネルギーが小さく，運動エネルギーが大きい流れということができます．

6.3.2 段差を越える流れ

前項で学習した比エネルギーを用いて，流れ方向に上る小さな段差を越える流れにおける水面の位置の変化について見ていきます（**図 6.7**）．段差の前後における全水頭の変化は無視することができるが，比エネルギーは E_a から E_b に変化する（$E_a > E_b$）ものとして，常流と射流それぞれの場合について考えてみます．

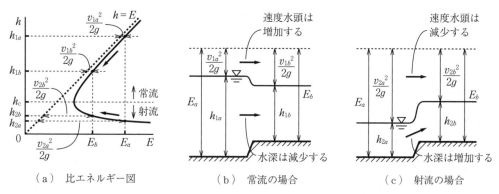

（a）比エネルギー図　　（b）常流の場合　　（c）射流の場合

図 6.7 段差の前後における比エネルギーおよび水面の位置の変化

流れが常流の場合，比エネルギーが E_a から E_b に減少すると，比エネルギー図（図（a））より，水深は h_{1a} から h_{1b} へ減少することがわかります．一方で，速度水頭は $v_{1a}^2/2g$ から $v_{1b}^2/2g$ へ増加することがわかります．これらを踏まえると，図（b）のように，常流では段差を越えると水面の位置が下がることがわかります．

流れが射流の場合，比エネルギーが E_a から E_b に減少すると，比エネルギー図（図（a））より，水深は h_{2a} から h_{2b} へ増加することがわかります．一方で，速度水頭は $v_{2a}^2/2g$ から $v_{2b}^2/2g$ へ減少することがわかります．これらを踏まえると，図（c）のように，射流では段差を越えると水面の位置が上がることがわかります．

以上より，常流と射流では，段差を越える際の流れの変化の様子が異なることがわかります．比エネルギーを考えることで，このように全水頭の変化が無視できる範囲における流れ

の変化を説明することができます。

6.3.3 流れの遷移

前項では，流れが常流のまま，あるいは，射流のまま変化する場合について学習しました。これに加えて，流れが常流から射流へ，あるいは，射流から常流へ遷移する場合も考えられます。本項では，これらの流れの遷移について見ていきます。(**図6.8**)

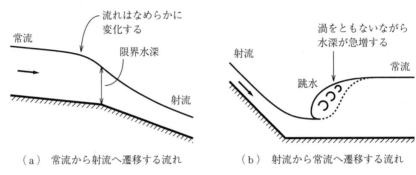

(a) 常流から射流へ遷移する流れ　　(b) 射流から常流へ遷移する流れ

図6.8　流れの遷移

常流から射流への遷移は，図(a)のように，途中で水路勾配が大きくなるときなどに生じます。常流から射流へ遷移する流れの特徴は，水深がなめらかに変化し，途中で限界水深となる断面が現れることです。

射流から常流への遷移は，図(b)のように，途中で水路勾配が小さくなるときなどに生じます。射流から常流へ遷移する流れの特徴は，常流から射流へ遷移する流れとは異なり，水深がなめらかに変化せず，途中で**跳水**（hydraulic jump）と呼ばれる現象が生じることです。跳水とは，大小の渦をともないながら水深が短い距離で急増する現象で，水面は空気も巻き込まれて大きく乱れています。そのため，跳水の前後では，この渦をともなう激しい運動によるエネルギー損失を考える必要があります。

比エネルギー図を見ながらこれらの流れの遷移について考えてみます。常流から射流への遷移では，常流側の水深から比エネルギー図の曲線に沿って水深が変化していき，射流側の交代水深へと行き着きます。傾斜が急になり，加速しながら流れていくことができるため，位置エネルギー（水深）から運動エネルギー（速度水頭）への変換がスムーズに行われていることがわかります。一方で，射流から常流への遷移では，射流側の水深から比エネルギー図の曲線に沿って水深が変化していくのではなく，跳水を挟んで常流側の交代水深より小さい水深に急変します。開水路の流れでは，運動エネルギーを位置エネルギーに急速に変換することができず，不安定な状態をともなうことがわかります。

6.4 跳水と段波

6.4.1 跳水

6.3.3項で学習したように，流れが射流から常流へ遷移するときには**跳水**が生じます。実際の川の流れでは，射流のような高速の流れは，河床の洗堀などの問題を引き起こすことがあるため，射流が生じる箇所では跳水を生じさせる仕掛けが施され，流れを緩やかな常流に戻すことが行われます。例えば，ダムから水が射流となって流下する箇所では，減勢工と呼ばれる一連の構造物を設けて，そこで跳水を生じさせることで，射流のまま下流へ流れていくことを防いでいます。

では，この跳水の現象を詳しく見ていきます。前述したように，跳水は大きなエネルギー損失をともない，さらに，その損失量を摩擦損失水頭を表す式 (6.7) のように具体的に見積もることができないため，現象を扱う際に，式 (6.6) のようなエネルギーの保存則を用いることができません。そのため，運動量の保存則を用います。

断面が一様な長方形断面水路の水路床が水平になっている箇所において，跳水が生じているとします。このとき，**図 6.9** のように，跳水が生じている直前の断面Ⅰにおける水深を h_1，断面平均流速を v_1，跳水が生じている直後の断面Ⅱにおける水深を h_2，断面平均流速を v_2 とし，これらの物理量の関係式を求めてみます。

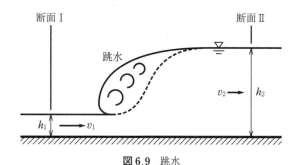

図 6.9 跳水

用いる式は，連続式と運動量保存の式の二つです。断面ⅠとⅡにおける単位幅流量は等しいので，連続式は式 (6.24) のようになります。

$$q = v_1 h_1 = v_2 h_2 \tag{6.24}$$

運動量保存の式は，断面ⅠとⅡの間の水が持つ運動量の変化に着目して導きます。断面ⅠとⅡの間の水が持つ運動量の時間 Δt の間の変化量は，その間に水が受けた力積に等しくなります。**図 6.10** のように，断面ⅠとⅡの間の水が Δt 時間後に断面Ⅰ′とⅡ′の間に移動したとします。このとき，単位幅当りの運動量の変化量は次式で表されます。

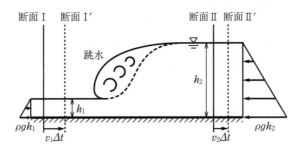

図 6.10 跳水への運動量の保存則の適用

運動量の変化量

= 断面 I' と II' の間の水が持つ運動量 − 断面 I と II の間の水が持つ運動量

= 断面 II と II' の間の水が持つ運動量 − 断面 I と I' の間の水が持つ運動量

$$= \rho \times v_2 \Delta t \times h_2 \times 1 \times v_2 - \rho \times v_1 \Delta t \times h_1 \times 1 \times v_1 = \rho q v_2 \Delta t - \rho q v_1 \Delta t \tag{6.25}$$

跳水が生じている距離は短く,水路床から受ける摩擦力は無視できるとすると,時間 Δt の間に受けた流下方向の単位幅当りの力積は両端の静水圧のみ考えればよく,次式で表されます.

$$\text{力積} = \frac{1}{2} \times \rho g h_1 \times h_1 \times 1 \times \Delta t - \frac{1}{2} \times \rho g h_2 \times h_2 \times 1 \times \Delta t$$

$$= \frac{1}{2} \rho g h_1^2 \Delta t - \frac{1}{2} \rho g h_2^2 \Delta t \tag{6.26}$$

したがって,式 (6.25) と (6.26) より,運動量保存の式は式 (6.27) のようになります.

$$\rho q v_2 - \rho q v_1 = \frac{1}{2} \rho g h_1^2 - \frac{1}{2} \rho g h_2^2 \tag{6.27}$$

連続式 (式 (6.24)) より,$v_1 = q/h_1$,$v_2 = q/h_2$ となるので,これらを運動量保存の式 (式 (6.27)) に代入して整理すると式 (6.28) のようになります.

$$\frac{q^2}{h_1 h_2} = \frac{g}{2}(h_1 + h_2) \tag{6.28}$$

$$h_1^2 h_2 + h_1 h_2^2 - \frac{2q^2}{g} = 0 \tag{6.29}$$

式 (6.29) の両辺を h_1^3,h_2^3 で割ると,それぞれ式 (6.30),(6.31) のようになります.

$$\left(\frac{h_2}{h_1}\right)^2 + \frac{h_2}{h_1} - 2Fr_1^2 = 0 \tag{6.30}$$

$$\left(\frac{h_1}{h_2}\right)^2 + \frac{h_1}{h_2} - 2Fr_2^2 = 0 \tag{6.31}$$

ここで,$Fr_1 = q/\sqrt{gh_1^3}$(断面 I におけるフルード数),$Fr_2 = q/\sqrt{gh_2^3}$(断面 II におけるフルード数)です.式 (6.30) と (6.31) はそれぞれ,h_2/h_1 と h_1/h_2 の 2 次方程式であるの

で，これらを解くと次式が得られます。

$$\frac{h_2}{h_1} = \frac{-1+\sqrt{1+8Fr_1^2}}{2} \tag{6.32}$$

$$\frac{h_1}{h_2} = \frac{-1+\sqrt{1+8Fr_2^2}}{2} \tag{6.33}$$

式 (6.32) と (6.33) は，跳水前後の水深の関係を表す式であり，この関係を持つ水深のうちの一方は，もう一方の**共役水深**（conjugate depth）と呼ばれます[†1]。

さらに，跳水によって失われる比エネルギーについて考えてみます。跳水前後の流れの比エネルギーをそれぞれ E_1 と E_2，跳水によって失われる比エネルギーを ΔE とすると

$$\begin{aligned}
\Delta E &= E_1 - E_2 \\
&= \left(\frac{v_1^2}{2g} + h_1\right) - \left(\frac{v_2^2}{2g} + h_2\right) \\
&= -(h_2 - h_1) + \frac{q^2}{2g}\frac{h_2^2 - h_1^2}{h_1^2 h_2^2}
\end{aligned} \tag{6.34}$$

となり，ここで，式 (6.28) より得られる $q^2/g = h_1 h_2 (h_1 + h_2)/2$ を代入すると，式 (6.35) のようになります。

$$\begin{aligned}
\Delta E &= -(h_2 - h_1) + \frac{1}{2}\frac{h_1 h_2 (h_1 + h_2)}{2}\frac{h_2^2 - h_1^2}{h_1^2 h_2^2} \\
&= (h_2 - h_1)\left\{\frac{(h_1 + h_2)^2}{4h_1 h_2} - 1\right\} \\
&= \frac{(h_2 - h_1)^3}{4h_1 h_2}
\end{aligned} \tag{6.35}$$

式 (6.35) より，跳水前後の水位差が大きいほど大きなエネルギーが失われることがわかります。さらに，式 (6.32) より，跳水前の流れのフルード数 Fr_1 が大きいほど跳水前後の水位差が大きくなることがわかるので，Fr_1 が大きいほど大きなエネルギーが失われるということができます[†2]。

跳水前後の流れの変化の関係を比エネルギー図で表すと，**図 6.11** のようになります。跳水前後で比エネルギーの変化があるため，跳水前の射流側の水深 h_1 からその交代水深よりも小さい水深 h_2 に変化します。

[†1] 共役水深の関係にある二つの水深のうち，跳水前の水深を initial depth，跳水後の水深を sequent depth と呼ぶこともあります。

[†2] 跳水前の流れのフルード数が小さい（1 に近い）場合は，渦をともなう跳水ではなく，水面が波打ちながら変化する波状跳水（undular jump）と呼ばれる跳水が生じ，エネルギー損失も小さくなります。

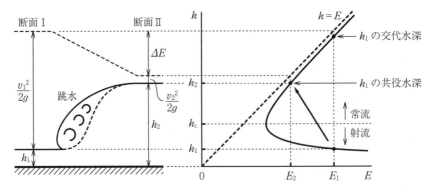

図 6.11　比エネルギー図と跳水

6.4.2 段　　波

跳水と同じように短い距離で水深が急激に変化し，さらにそれが上流もしくは下流に向かって移動していく現象を**段波**（bore wave）といいます。開水路の流れで跳水が生じている箇所は，短い距離で流れが急変しているので，図 6.3 の中でいえば，定常流の不等流の急変流にあたります。それに対して，段波は移動しているので，非定常流の不等流の急変流にあたります。

段波が生じる原因としては，例えば，ゲートの急開や急閉が挙げられます。**図 6.12** のように，流れの途中でゲートを閉めると，ゲートの上流側と下流側で異なる段波が生じます（ゲートを開くときに生じる段波については，演習問題【6.9】を参照してください）。ゲートの上流側では，下流側の水位が上がることで生じた水位の不連続な部分が，上流へ向かって移動していきます。ゲートの下流側では，上流側の水位が下がることで生じた水位の不連続な部分が，下流へ向かって移動していきます。また，潮汐の干満の差が大きい海へ川が注いでいる箇所では，潮位が高くなる時期に河口での川と海の水位差が大きくなり，川をさかのぼっていく段波が生じます。この現象は世界各地で見られ，中国の銭塘江では銭塘江大潮，ブラジルのアマゾン川ではポロロッカとして知られています。第 9 章で学習する津波や高潮が川をさかのぼるのも同様の現象です。

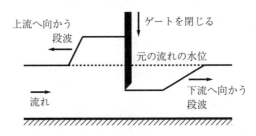

図 6.12　ゲートの急閉により生じる段波

では，段波の移動速度について見ていきます。段波の扱い方は，前項で学習した跳水の扱い方と一緒です。段波の前後に断面をとり，連続式と運動量保存の式を立てて考えます。一例として，**図 6.13** のように上流へ向かう段波について考えてみます。

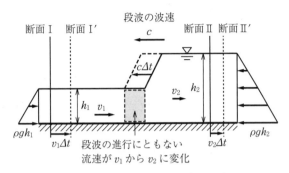

図 6.13 段波への運動量の保存則の適用

段波が生じている直前の断面Ⅰにおける水深を h_1，断面平均流速を v_1，段波が生じている直後の断面Ⅱにおける水深を h_2，断面平均流速を v_2 とし，連続式と運動量保存の式から段波の波速 c を求めます。図のように，断面Ⅰと断面Ⅱの間の水が Δt 時間後に断面Ⅰ′とⅡ′の間に移動したとします。このとき，単位幅当りの連続式と運動量保存の式はそれぞれ式 (6.36)，(6.37) のようになります（水路床から受ける摩擦力と段波の部分が空気から受ける抗力は，無視できるとします）。水路幅を1とすると

$$\rho \times v_1 \Delta t \times h_1 \times 1 = \rho \times v_2 \Delta t \times h_2 \times 1 + \rho \times c \Delta t \times (h_2 - h_1) \times 1 \tag{6.36}$$

$$\rho \times v_2 \Delta t \times h_2 \times 1 \times v_2 - \rho \times v_1 \Delta t \times h_1 \times 1 \times v_1 + \rho \times c \Delta t \times (h_2 - h_1) \times 1 \times v_2$$
$$+ \rho \times c \Delta t \times h_1 \times 1 \times (v_2 - v_1) = \frac{1}{2} \rho g h_1^2 - \frac{1}{2} \rho g h_2^2 \tag{6.37}$$

これらの式を整理すると，それぞれ式 (6.38)，(6.39) のようになります。

$$v_1 h_1 = v_2 h_2 - c h_1 + c h_2 \tag{6.38}$$

$$v_1 h_1 (-v_1 - c) + v_2 h_2 (v_2 + c) = \frac{g}{2}(h_1^2 - h_2^2) \tag{6.39}$$

式 (6.38) を用いて，式 (6.39) から v_2 を消去して整理すると，次式が得られます。

$$c = \sqrt{g h_2 \frac{h_1 + h_2}{2 h_1}} - v_1 \tag{6.40}$$

段波の前後の水深である h_1 と h_2 の差がきわめて小さいとすると，式 (6.40) は $c = \sqrt{g h_1} - v_1$ となり，さらに，流れもないとすると，$c = \sqrt{g h_1}$ となります。このことから，6.1.2 項で学習したとおり，$\sqrt{gh}$ は水深 h の流れのない水の水面に生じた小さな変化が伝わっていく速さを表していることがわかります。

6.5 不等流の水面形

6.5.1 不等流を表す基礎方程式

図 6.3 に示した時間的な変化と場所的な変化を踏まえた開水路の流れの種類のうち，ここまでに，等流（6.2 節）と，段差を越える流れ（6.3.2 項）や跳水（6.4.1 項）といった代表的な不等流の急変流を学習しました．本節では，不等流の漸変流について見ていきます．水理学では，不等流の漸変流のことを単に不等流と呼ぶことが多いので，以降でも不等流と呼びます．

断面が一様で水路勾配 i の水路に，流量 Q の不等流が生じているとします．不等流であるので，**図 6.14** のように，断面ごとに水深や流速が異なります．水路床より下に全水頭の基準面をとり，基準面の流下方向を正として x 軸をとります．このとき，全水頭の流下方向への変化に着目して不等流を表す基礎方程式を導いてみます．

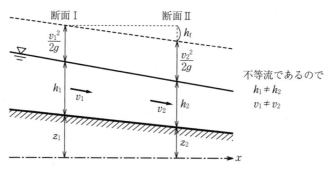

図 6.14 不等流における各断面の全水頭

全水頭 H の x 方向変化率は，次式で表されます．

$$\frac{dH}{dx} = \frac{d}{dx}\left(\frac{v^2}{2g} + h + z\right) = \frac{d}{dx}\left(\frac{v^2}{2g}\right) + \frac{dh}{dx} + \frac{dz}{dx} \tag{6.41}$$

式 (6.41) の dz/dx は $-i$ に等しいことを用いると，式 (6.41) は次式のようになります．

$$\frac{dH}{dx} = \frac{d}{dx}\left(\frac{v^2}{2g}\right) + \frac{dh}{dx} - i \tag{6.42}$$

図 6.14 からわかるように，全水頭 H の減少分は，摩擦損失水頭 h_f の増加分に等しくなります．したがって，全水頭 H と摩擦損失水頭 h_f の x 方向変化率の関係は次式で表されます．

$$\frac{dH}{dx} = -\frac{dh_f}{dx} \tag{6.43}$$

式 (6.42), (6.43) より，次式が得られます．

6.5 不等流の水面形

$$-i+\frac{dh}{dx}+\frac{d}{dx}\left(\frac{v^2}{2g}\right)+\frac{dh_\mathrm{f}}{dx}=0 \tag{6.44}$$

摩擦損失水頭 h_f は，等流の場合と同様に扱えるとすると，式 (6.7) より，摩擦損失水頭 h_f の x 方向変化率は次式で表されます．

$$\frac{dh_\mathrm{f}}{dx}=f'\frac{1}{R}\frac{v^2}{2g} \tag{6.45}$$

式 (6.45) を式 (6.44) に代入すると

$$-i+\frac{dh}{dx}+\frac{d}{dx}\left(\frac{v^2}{2g}\right)+f'\frac{1}{R}\frac{v^2}{2g}=0 \tag{6.46}$$

が得られ，さらに，$Q=vA$ であることを用いると，次式が得られます．

$$-i+\frac{dh}{dx}+\frac{1}{2g}\frac{d}{dx}\left(\frac{Q^2}{A^2}\right)+\frac{f'}{2gR}\left(\frac{Q^2}{A^2}\right)=0 \tag{6.47}$$

式 (6.47) が不等流を表す基礎方程式になります．式 (6.47) 左辺の第1項と第2項を合わせたものは水面勾配，第3項は速度水頭勾配，第4項は摩擦損失勾配と呼ばれます．扱っている水路のマニングの粗度係数 n がわかっている場合，摩擦損失係数 f' とマニングの粗度係数 n の関係式 (6.12) を用いると，式 (6.47) の摩擦損失勾配の項は次式のように書き換えることができます．

$$-i+\frac{dh}{dx}+\frac{1}{2g}\frac{d}{dx}\left(\frac{Q^2}{A^2}\right)+\frac{n^2Q^2}{R^{4/3}A^2}=0 \tag{6.48}$$

ここまでは断面の形状を特に指定していませんでしたが，ここからは広幅長方形断面水路の場合の不等流を表す基礎方程式について見ていきます．断面が長方形の場合，流水断面積 A は水深 h と水路幅 B を用いて $A=Bh$ と表されるので，式 (6.48) の速度水頭勾配の項は次式のように書き換えることができます．

$$\frac{1}{2g}\frac{d}{dx}\left(\frac{Q^2}{A^2}\right)=\frac{Q^2}{2g}\frac{dh}{dx}\frac{dA}{dh}\frac{d}{dA}\left(\frac{1}{A^2}\right)=\frac{Q^2}{2g}\frac{dh}{dx}B\left(-\frac{2}{A^3}\right)=-\frac{Q^2B}{gA^3}\frac{dh}{dx} \tag{6.49}$$

式 (6.49) を式 (6.48) に代入して整理すると，次式が得られます．

$$\frac{dh}{dx}=\frac{i-\dfrac{n^2Q^2}{R^{4/3}A^2}}{1-\dfrac{Q^2B}{gA^3}} \tag{6.50}$$

広幅長方形断面水路の場合，径深 R は水深 h で近似できるので

$$\frac{n^2Q^2}{R^{4/3}A^2}\approx\frac{n^2Q^2}{h^{4/3}(Bh)^2}=\frac{n^2Q^2}{B^2h^{10/3}} \tag{6.51}$$

とすることができます．さらに，広幅長方形断面水路における等流水深 h_0 と限界水深 h_c はそれぞれ，式 (6.14)，(6.20) で表されるので

$$i = \frac{n^2 Q^2}{B^2 h_0^{10/3}} \tag{6.52}$$

$$\frac{Q^2 B}{gA^3} = \frac{Q^2}{gB^2}\left(\frac{B}{A}\right)^3 = \left(\frac{h_c}{h}\right)^3 \tag{6.53}$$

とすることができます．式 (6.51)，(6.52)，(6.53) を式 (6.50) に代入して整理すると，次式が得られます．

$$\frac{dh}{dx} = i\frac{1 - \left(\dfrac{h_0}{h}\right)^{\frac{10}{3}}}{1 - \left(\dfrac{h_c}{h}\right)^3} \tag{6.54}$$

式 (6.54) が広幅長方形断面水路における不等流を表す基礎方程式になります．式 (6.54) の導出にあたっては，マニングの粗度係数を用いて摩擦損失勾配の項を評価しましたが，シェジーの係数を用いても同様な形の式が得られます（演習問題【6.11】を参照してください）．

6.5.2 限界勾配と緩勾配水路・急勾配水路

断面や勾配が一様な長方形断面水路の等流水深 h_0 を求める式 (6.16) と限界水深 h_c を求める式 (6.20) を見てみると，どちらも流量 Q によるが，等流水深は水路勾配 i によるのに対し，限界水深は水路勾配 i によらないことがわかります．このことから，ある流量に対して，等流水深と限界水深が等しくなるような水路勾配があることがわかります．このような水路勾配を**限界勾配**（critical slope）といい，i_c で表されます．水路勾配が限界勾配である水路を**限界勾配水路**（critical slope channel）といい，この水路で生じる等流は限界流になります．

広幅長方形断面水路における限界勾配を求め，水路勾配と流れの関係について見ていきます．流量 Q に対し，広幅長方形断面水路において等流水深と限界水深が等しくなる条件は，式 (6.14)，(6.20) より，次式で表されます．

$$\left(\frac{nQ}{B\sqrt{i_c}}\right)^{\frac{3}{5}} = \sqrt[3]{\frac{Q^2}{gB^2}} \tag{6.55}$$

したがって，限界勾配 i_c は次式で表されます．

$$i_c = \left(\frac{nQ}{B}\right)^2 \left(\frac{gB^2}{Q^2}\right)^{\frac{10}{9}} = gn^2\left(\frac{gB^2}{Q^2}\right)^{\frac{1}{9}} = \frac{gn^2}{h_c^{1/3}} \tag{6.56}$$

扱っている水路の水路勾配が限界勾配より小さい場合，この水路における等流水深は限界水深より大きくなります．このような水路を**緩勾配水路**（mild slope channel）といいます．緩勾配水路で生じる等流は常流になります．一方，扱っている水路の水路勾配が限界勾配より大きい場合，この水路における等流水深は限界水深より小さくなります．このような水路

を**急勾配水路**（steep slope channel）といいます．急勾配水路で生じる等流は射流になります．

6.5.3 緩勾配水路・急勾配水路の水面形

前項までに，広幅長方形断面水路を主たる対象として，不等流を表す基礎方程式と，水路は等流水深と限界水深の大小に応じて緩勾配水路と急勾配水路に分けられることを学習しました．本項では，これらを用いて，不等流の水面形（surface profile）の定性的な特徴について見ていきます．

不等流を表す基礎方程式（式 (6.54)）を見てみると，水深 h と等流水深 h_0，限界水深 h_c の大小関係によって，水深の流下方向変化率を示す dh/dx の符号が変わることがわかります．緩勾配水路では，等流水深が限界水深より大きく，急勾配水路では等流水深が限界水深より小さいので，どちらの水路においても，水深が等流水深と限界水深より大きい，水深が等流水深と限界水深の間，水深が等流水深と限界水深より小さい，の 3 種類の大小関係があることになります．すなわち，水路上は，等流水深の位置を示す線（等流水深線）と限界水深の位置を示す線（限界水深線）によって，三つの領域に分けられ，水深がこれらのうち，どの領域にあるかによって，流下方向への水深変化が異なる（$dh/dx > 0$ であれば増加，$dh/dx < 0$ であれば減少）ということになります．

では，緩勾配水路と急勾配水路での水深変化について考えてみます．緩勾配水路では，等流水深より大きい領域，等流水深と限界水深の間の領域，限界水深より小さい領域の三つに分けられ，それぞれの領域での水深変化はつぎのようになります．

- $h > h_0 > h_c$ の領域では $dh/dx > 0$ となるので，水深は流下方向に増加する．
- $h_0 > h > h_c$ の領域では $dh/dx < 0$ となるので，水深は流下方向に減少する．
- $h_0 > h_c > h$ の領域では $dh/dx > 0$ となるので，水深は流下方向に増加する．

急勾配水路では，限界水深より大きい領域，限界水深と等流水深の間の領域，等流水深より小さい領域の三つに分けられ，それぞれの領域での水深変化はつぎのようになります．

- $h > h_c > h_0$ の領域では $dh/dx > 0$ となるので，水深は流下方向に増加する．
- $h_c > h > h_0$ の領域では $dh/dx < 0$ となるので，水深は流下方向に減少する．
- $h_c > h_0 > h$ の領域では $dh/dx > 0$ となるので，水深は流下方向に増加する．

さらに，もう少し詳しく不等流を表す基礎方程式（式 (6.54)）を見てみると，不等流の水面形の特徴としてつぎのようなことがわかります．

- 水深が等流水深に近づいていく（$h \to h_0$）ような不等流の場合，dh/dx は 0 に近づいていきます．すなわち，水面形は等流水深線に漸近していきます．
- 水深が限界水深に近づいていく（$h \to h_c$）ような不等流の場合，dh/dx は $\pm\infty$ に近

づいていきます。すなわち，水面形は限界水深線に直交するように近づいていきます。
- 水深が大きくなる（$h \to \infty$）につれて，dh/dx は i に近づいていきます。すなわち，水面形は水平な線に漸近していきます。

以上のことを踏まえると，緩勾配水路では図 6.15，急勾配水路では図 6.16 のような水面形が現れることがわかります。緩勾配水路での水面形は，mild の頭文字をとって，上から順にそれぞれ **M1 曲線**（M1 profile），**M2 曲線**（M2 profile），**M3 曲線**（M3 profile）と呼ばれます。急勾配水路での水面形は，steep の頭文字をとって，上から順にそれぞれ **S1 曲線**（S1 profile），**S2 曲線**（S2 profile），**S3 曲線**（S3 profile）と呼ばれます。それぞれの水面形の特徴は，**表 6.1** のように整理することができます[†]。

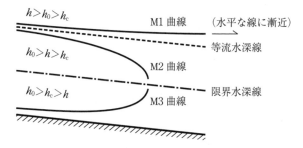

図 6.15 緩勾配水路での不等流の水面形

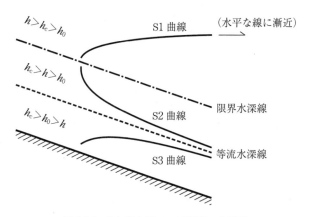

図 6.16 急勾配水路での不等流の水面形

断面や勾配が一様で，途中に障害物がなく，十分に長い水路の上流端や下流端から離れた箇所では，流れは等流であると考えることができます。しかし，途中に障害物や勾配の変化があると，その近くでの流れは不等流になります。その際，緩勾配水路では M1 から M3 曲線のいずれか，急勾配水路では S1 から S3 曲線のいずれかが現れ，その流れの途中で射流

[†] 緩勾配水路と急勾配水路以外の限界勾配水路，水平水路，逆勾配水路での水面形の特徴も，式 (6.51) を用いて考えることができます。本書では，代表的な不等流の水面形である緩勾配水路と急勾配水路の水面形のみ学習しましたが，これらの水路ではどのような水面形が現れるか是非考えてみてください。

表 6.1 緩勾配水路・急勾配水路での不等流の水面形の特徴

水路	水面形の名称	水面形の現れる領域	常流・射流の別	dh/dx の符号	そのほかの特徴
緩勾配水路	M1 曲線	$h > h_0 > h_c$	常流	+（流下方向に水深は増加）	・上流側で等流水深線に漸近 ・下流側で水平な線に漸近
	M2 曲線	$h_0 > h > h_c$	常流	−（流下方向に水深は減少）	・上流側で等流水深線に漸近 ・下流側で限界水深線に直交
	M3 曲線	$h_0 > h_c > h$	射流	+（流下方向に水深は増加）	・下流側で限界水深線に直交
急勾配水路	S1 曲線	$h > h_c > h_0$	常流	+（流下方向に水深は増加）	・上流側で限界水深線に直交 ・下流側で水平な線に漸近
	S2 曲線	$h_c > h > h_0$	射流	−（流下方向に水深は減少）	・上流側で限界水深線に直交 ・下流側で等流水深線に漸近
	S3 曲線	$h_c > h_0 > h$	射流	+（流下方向に水深は増加）	・下流側で等流水深線に漸近

から常流へ変化する箇所があれば跳水をともなう流れになります。

6.5.4 水面形の具体例と描き方

前項で学習したことを踏まえて，不等流の水面形の具体例をいくつか見ていきます．以下に挙げる例では，水路は十分に長く断面は一様であり，障害物や勾配の変化がある地点から離れた箇所では，流れは等流であるとします．

〔1〕 **勾配が変化する水路** 図 6.17 のように，水路勾配が緩勾配から急勾配，あるいは，急勾配から緩勾配に変化する水路での水面形について見ていきます．

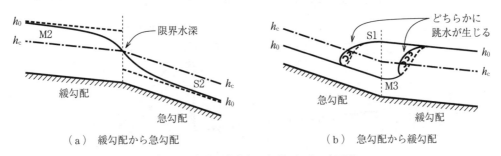

(a) 緩勾配から急勾配 (b) 急勾配から緩勾配

図 6.17 勾配が変化する水路における水面形

まず，緩勾配から急勾配に変化する場合（図(a)）について考えてみます．勾配の変化する地点から離れた箇所，すなわち，緩勾配水路の上流側と急勾配水路の下流側では，流れは等流になります．緩勾配水路では等流は常流であり，急勾配水路では等流は射流であるので，常流から射流へ遷移する流れになります．6.3.3 項で学習したように，常流から射流へ遷移する流れでは，その途中で限界水深となる断面が現れます．この場合は，勾配の変化する地点で限界水深となる断面が現れます．式 (6.20) からわかるように，断面が一様な水路

における限界水深は流量のみによります。このように，ある流量に対して決まった水深となる断面を**支配断面**（control section）と呼びます。水面形は，この支配断面を挟んで，上流側ではM2曲線となり，下流側ではS2曲線となります。

つぎに，急勾配から緩勾配に変化する場合（図（b））について考えてみます。この場合は，射流である急勾配水路の上流側の等流から，常流である緩勾配水路の下流側の等流へ遷移する流れになるため，その途中で跳水が生じます。跳水の生じる位置は，跳水前後の水深の関係を表す式(6.32)を用いて判断することができます。急勾配水路での等流水深を式(6.32)におけるh_1としてh_2を計算し，このh_2が緩勾配水路での等流水深より小さければ急勾配水路上で跳水が生じ，大きければ緩勾配水路上で跳水が生じます。急勾配水路上で跳水が生じる場合，急勾配水路での等流水深から跳水が始まり，跳水後の水面形はS1曲線となり，緩勾配水路での等流水深に近づいていきます。緩勾配水路上で跳水が生じる場合，急勾配水路では等流水深で流れ，緩勾配水路に入ると水面形はM3曲線となって跳水が始まる水深（緩勾配水路での等流水深を式(6.33)におけるh_2として計算したときのh_1）まで水深が増加し，跳水後は緩勾配水路での等流水深で流れていきます。

〔2〕**堰のある水路**　図6.18のように，水路に十分に高い構造物を設けて流れをせき止め，その上流側の水位を大きくするとき，その構造物を**堰**（weir）といいます。背後に大量の水をためて水位を上げるダムも堰の一種です。このような堰のある水路での堰の上流側に生じる水面形について見ていきます。

まず，緩勾配水路に堰が設けてある場合（図（a））について考えてみます。堰から十分

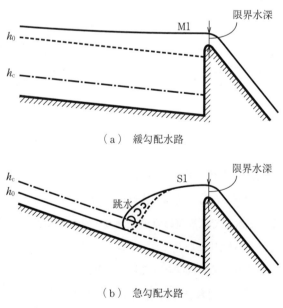

図6.18　堰のある水路における水面形

に離れた上流側では，流れは等流になります．堰の最上部では，限界水深となる断面が現れ，これも支配断面の一種です．上流側の等流水深と堰の最上部の間の水面形は M1 曲線となります．このように流れの下流側の水位が上がることで生じる M1 曲線は，**背水曲線**または**堰上げ背水曲線**（backwater curve）と呼ばれることがあります[†]．

つぎに，急勾配水路に堰が設けてある場合（図(b)）について考えてみます．緩勾配水路の場合と同様に，堰から十分に離れた上流側では，流れは等流になり，せきの最上部では，限界水深となる断面が現れます．上流側では射流，堰の直前では常流となるため，射流から常流へ遷移する流れとなり，跳水が生じます．等流水深から跳水が始まり，跳水後の水面形は S1 曲線となり，堰の最上部の水位に近づいていきます．

〔3〕 **ゲートのある水路** 図 6.19 のように，上下に動く**ゲート**（gate）で流れをせき止めたときに，ゲートの周囲で生じる水面形について見ていきます．

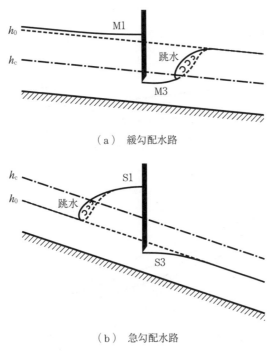

(a) 緩勾配水路

(b) 急勾配水路

図 6.19 ゲートのある水路における水面形

まず，緩勾配水路上の流れをゲートでせき止めた場合（図(a)）について考えてみます．ゲート直下の隙間の高さが限界水深より小さくなるまでゲートを下げると，ゲート上流側の

[†] 流下方向に水深が増加している水面形全般を背水曲線または堰上げ背水曲線と呼ぶこともあります．ただ，本章末の文献 3) において，「背水曲線という用語は，主としてダムの上流や洪水時の主流に合流する支流で生じる水面形を指すが，水深が増加していく水面形すべてを指すことも多い」と述べられているように，元々はここで示すような M1 曲線を指す用語であったと考えられます．

水深は等流水深よりも大きくなるまでせき上げられます。そのため，ゲート上流側の水面形はM1曲線となり，上流の等流水深に近づいていきます。ゲート下流側では，ゲート直下で水深が限界水深より小さくなっているので，射流のM3曲線で流れ出します。ゲートより十分に離れた下流側では常流の等流が生じているので，M3曲線の後は跳水が生じて等流水深になります。

つぎに，急勾配水路上の流れをゲートでせき止めた場合（図(b)）について考えてみます。ゲート直下の隙間の高さが等流水深より小さくなるまでゲートを下げると，ゲート上流側の水深は限界水深よりも大きくなるまでせき上げられます。ゲートより十分に離れた上流側では射流の等流が生じているので，ゲートの上流では，等流水深から跳水が始まり，その後の水面形はS1曲線となります。ゲートの下流側では，S3曲線の水面形が生じ，等流水深に近づいていきます。

〔4〕 段落ちのある水路　図6.20のように，水路の下流端で水が落下していくようになっているものを**段落ち**（free overfall）といいます。このような段落ちのある水路で生じる水面形について見ていきます。

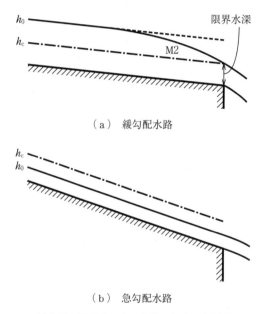

(a) 緩勾配水路

(b) 急勾配水路

図6.20 段落ちのある水路における水面形

まず，緩勾配水路の下流端に段落ちがある場合（図(a)）について考えてみます。段落ち部から十分に離れた上流側では，流れは等流になります。段落ち部では，限界水深となる断面が現れるため，上流側の等流水深と段落ち部の間の水面形はM2曲線となります。このように流下方向に水深が減少していくM2曲線は，**低下背水曲線**（drawdown curve）と呼ば

れることがあります。

つぎに，緩勾配水路の下流端に段落ちがある場合（図（b））について考えてみます。緩勾配水路の場合と同様に，段落ち部から十分に離れた上流側では，流れは等流になります。急勾配水路の場合，流下方向に水深は変化せず，等流のまま流れ落ちていきます。

〔5〕 **水面形の描き方**　ここまでに学習したことを踏まえると，断面が一様で十分に長い水路において，途中に障害物や勾配の変化がある場合の水面形の描き方は，つぎのようにまとめることができます。

① 与えられた水路に対して，等流水深線と限界水深線を描きます。緩勾配水路では等流水深のほうが限界水深より大きく，急勾配水路では限界水深のほうが等流水深より大きくなります。限界水深は水路勾配によらない（すなわち，断面が一様な水路では変わらない）が，等流水深は水路勾配が大きくなるほど小さくなります。

② 障害物や勾配の変化がある地点から離れた箇所では，等流水深で流れていると考えて，等流水深となることを描いておきます。

③ 決まった水深となる断面を確認し，その水深を描いておきます。例えば，緩勾配水路から急勾配水路に変化する断面，堰の最上部，ゲートの直下や直上流などです。

④ ②と③で考えた水深がつながるように水面形を描きます。緩勾配水路ではM1からM3曲線のいずれかになり，急勾配水路ではS1からS3曲線のいずれかになります。ただし，流れが射流から常流に変化する場合は，限界水深線をまたぐようにして跳水が生じます。

6.6　不 等 流 計 算

6.6.1　不等流計算の基本的な考え方

前節では，不等流の水面形の概形の描き方について学習しました。水面形の概形を描くことができれば，川の流れを広い視点で見たときの水深の変化を定性的に説明することができます。ただ，水面形の概形だけでなく，より詳しい水深の変化を必要とするときもあります。例えば，川の途中にダムが設置されており，その上流でM1曲線の水面形が生じているとき，ダムによる水位上昇の影響はどれくらい上流まで及ぶか，あるいは，ゲートの下流側でM3曲線の後に跳水が生じるとき，ゲートから跳水が生じる位置まではどれくらいの距離になるか，といった問題を考えるときなどです。このようなときは，6.5.1項で導いた不等流を表す基礎方程式をもとに，数値計算により水深の変化を追跡していきます。このような計算は，**不等流計算**（computation of gradually varied flow profiles）や水面形計算と呼ばれます。必要となる計算量が多いので，表計算ソフトや数値計算に適したプログラミング言語

を利用するのが一般的です。

では，不等流計算の具体的な方法について見ていきます。マニングの粗度係数を用いた不等流を表す基礎方程式（式 (6.48)）は，水深 h と流水断面積 A の変数 x に関する導関数を含む微分方程式になっています。この微分方程式を図 6.21 に示すような Δx だけ離れた二つの断面（上流側の断面Ⅰと下流側の断面Ⅱ）の諸量を用いて差分化することで，数値計算を行うために必要な式を求めます。式 (6.48) は，断面ⅠとⅡにおける諸量を用いて次式のように差分化することができます。

$$-\frac{z_1-z_2}{\Delta x}+\frac{h_2-h_1}{\Delta x}+\frac{1}{\Delta x}\left(\frac{Q^2}{2gA_2^2}-\frac{Q^2}{2gA_1^2}\right)+\frac{1}{2}\left(\frac{n^2Q^2}{R_1^{4/3}A_1^2}+\frac{n^2Q^2}{R_2^{4/3}A_2^2}\right)=0 \quad (6.57)$$

式 (6.57) を整理して，断面Ⅰに関する項を左辺に，断面Ⅱに関する項を右辺に移動すると，次式が得られます。

$$\frac{Q^2}{2gA_1^2}+h_1+z_1-\frac{n^2Q^2}{R_1^{4/3}A_1^2}\frac{\Delta x}{2}=\frac{Q^2}{2gA_2^2}+h_2+z_2+\frac{n^2Q^2}{R_2^{4/3}A_2^2}\frac{\Delta x}{2} \quad (6.58)$$

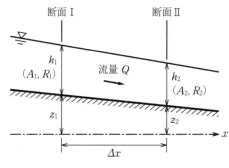

図 6.21 不等流計算

式 (6.58) を見ると，もし，扱っている流れにおけるある断面の諸量がわかっており，その断面から下流に向かって不等流計算を行っていきたければ，上流側の断面Ⅰの諸量（h_1, A_1, R_1, z_1）を用いて左辺の値を計算し，計算した左辺の値と右辺の値が等しくなるような断面Ⅱの諸量（h_2, A_2, R_2, z_2）を探せばよいことがわかります。断面Ⅱの諸量が求まれば，それらを用いてさらに下流の断面の諸量を求めることができます。値がわかっている断面から上流に向かって不等流計算を行っていきたいときは，その逆を行えばよいことになります。これが不等流計算の基本的な考え方になります。

6.6.2　常流・射流と不等流計算

6.5.4 項で学習した水面形（図 6.17 〜 6.20）を見ると，流れが常流である水面形はその下流側に決まった水深となる断面があり，流れが射流である水面形はその上流側に決まった水深となる断面があることがわかります。例えば，緩勾配から急勾配に変化する水路での水

面形(図6.17(a))を見ると,限界水深となる断面(支配断面)は,常流であるM2曲線の下流端,射流であるS2曲線の上流端であることがわかります。このことから,常流である水面形(M1, M2, S1曲線)の不等流計算を行う場合は,水深がわかっている断面から上流に向かって計算し,射流である水面形(M3, S2, S3曲線)の不等流計算を行う場合は,水深がわかっている断面から下流に向かって計算すればいいことがわかります。

常流と射流でなぜこのような違いが現れるのでしょうか。6.1.3項で学習したように,常流では水面に生じた変化が上流にも下流にも伝わっていくことができますが,射流では水面に生じた変化は下流にしか伝わっていきません。このことが不等流の水面形にどのような影響を与えるか見ていきます。

図6.22のように,途中から水路勾配を変化させることができる水路で,等流が生じている状態から下流側の水路勾配を少しだけ小さくしたときの水面形の変化について考えてみます。緩勾配水路の場合(図(a))は,勾配を小さくしたことで生じた水面の変化が上流にも伝わっていくことができ,それが十分に上流まで伝わっていくと,水路の上流側の水面形

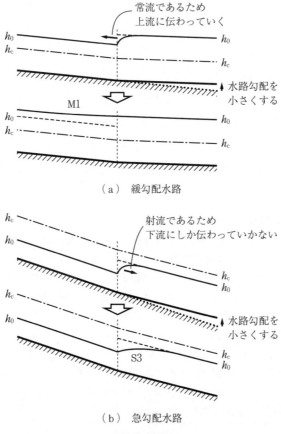

(a) 緩勾配水路

(b) 急勾配水路

図6.22 途中で水路勾配を変化させたときの水面の変化の伝わり方と水面形

がM1曲線に変化します。急勾配水路の場合（図（b））は，勾配を小さくしたことで生じた水面の変化が下流にしか伝わっていかないので，水路の上流側は等流水深のまま変化せず，水路の下流側の水面形がS3曲線に変化します。以上より，常流と射流では水面の変化が上流に伝わるかどうかが異なるために，その上流端と下流端のどちらに決まった水深をとる断面が現れるかが異なることがわかります[†]。

川や水路の流れを広い視点で見て不等流として扱うときは，まずは，水面形の概形を描き，さらに詳しい水深の変化を知りたい場合は，水深がわかっている断面から不等流計算を始めるということになります。不等流計算の具体例については，演習問題【6.13】を参照してください。

6.7 非定常流

6.1.3項で学習したように，洪水時の川の流れは，時間的にも場所的にも変化しており，非定常流（不定流）として扱う必要があります。しかし，洪水時の流れの時間的な変化は緩やかなことも多く，ここまでに学習した定常流の扱い方を援用することもあります。ただし，時間的な変化に特に着目したい場合は，非定常流を表す方程式を解かなければなりません。非定常流では，流量Q，断面平均流速v，流水断面積A，水深hが時間的にも場所的にも変化するので，これらが時間と位置の関数になります。ある断面でのこれらの値を求めるためには，連続式と運動方程式の二つの式が必要になります。

まずは，連続式について考えてみます。図6.23のように，流れの中に距離dxだけ離れた断面Iと断面IIをとり，この2断面の中間で流量がQ，流水断面積がAとして，2断面

コラム5：河川施設の設計と水理学

ダムや堰などの施設設計には，さまざまな水理学の知識を組み合わせて使っていくことが必要になります。例えば，ダムの設計を考えてみます。基本的なダムの安定は，静水力学つまり，動いていない水の力学により計算をしていきますが，常時排水路や非常用洪水吐などの形状や減勢池の大きさなどを決めていくためには，水の流れやその性質の時間的・場所的な変化をきちんと理解するための水理学の知識とそれに基づいた検討をする能力が必要になります。特に，非常用洪水吐や減勢池の設計は，ダム本体のみならず，下流の河川施設や河川沿いに住む住民の皆さんの安全にかかわる重要なことなので，緻密な計算や検討が必要になります。

コンピュータの能力が格段に向上したため，このような重要施設の設計においても，かなり詳細な検討にいたるまでをコンピュータシミュレーションにより行うようになってきていますが，施設形状を最終的に決定するためにはいまでも多くの水理実験が行われています。

[†] 本段落の説明は，文献4）の記述を参考にしています。

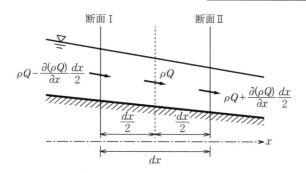

図 6.23 非定常流への質量の保存則の適用

間に質量の保存則を適用します。質量の保存則より，時間 dt の間に 2 断面間に流入する水の質量と流出する水の質量の差が，時間 dt の間の 2 断面間の水の質量の増加量に等しくなるので

　　流入する水の質量 − 流出する水の質量 ＝ 水の質量の増加量

$$\left\{\rho Q - \frac{\partial(\rho Q)}{\partial x}\frac{dx}{2}\right\}dt - \left\{\rho Q + \frac{\partial(\rho Q)}{\partial x}\frac{dx}{2}\right\}dt = \frac{\partial(\rho A dx)}{\partial t}dt \qquad (6.59)$$

となります。これを整理すると，次式が得られます。

$$\frac{\partial A}{\partial t} + \frac{\partial Q}{\partial x} = 0 \qquad (6.60)$$

つぎに，運動方程式について考えてみます。非定常流の運動方程式は，6.5.1項で学習した不等流を表す基礎方程式（式 (6.46)）に，時間変化の影響を表す非定常項を加えたものになります。すなわち

コラム6：高度な氾濫解析と水理学

　コラム4では，比較的単純な洪水のケース，つまり洪水ピーク流量に対して河川の断面設計をする際に必要な水理学の知識について話をしましたが，実際の洪水氾濫では，洪水流は河道を溢れて広がり，かつ流量も時間的に変化します。このような現象の解析には，一次元の水理学（川の流れの方向について計算する方法）ではなく，二次元（川の流れの方向と横断方向）や三次元（川の流れの方向と横断方向と水深）の水理学が用いられます。

　具体的には，河川や流域の地形，構造物などの氾濫原の情報をメッシュ単位などで入力し，そこに氾濫流の情報を与え，連続式と流れの基礎方程式により各地点の水理量を求めていくというものです。実際のシミュレーションはコンピュータが行ってくれますので，自ら複雑な計算をする必要はないのですが，コンピュータでの計算結果は往々にして，実際の現象とかけ離れた結果を出します。水理学の正しい知識を持ち，きちんと現場を歩いていれば，そのような不適切なシミュレーション結果を簡単に見抜くことができるのですが，そうでない場合，大きな間違いをしてしまうことがあります。複雑な計算が必要な高度な解析においても，水理学の基本を理解すること，現場をきちんと知ることはとても重要なことです。

$$-i + \frac{\partial h}{\partial x} + \frac{\partial}{\partial x}\left(\frac{v^2}{2g}\right) + f'\frac{1}{R}\frac{v^2}{2g} + \frac{1}{g}\frac{\partial v}{\partial t} = 0 \qquad (6.61)$$

となります。$Q = vA$ であることを用いると，次式が得られます。

$$-i + \frac{\partial h}{\partial x} + \frac{1}{2g}\frac{\partial}{\partial x}\left(\frac{Q^2}{A^2}\right) + \frac{f'}{2gR}\left(\frac{Q^2}{A^2}\right) + \frac{1}{g}\frac{\partial}{\partial t}\left(\frac{Q}{A}\right) = 0 \qquad (6.62)$$

流れを非定常流として扱いたい場合には，式 (6.60) と式 (6.62) という二つの偏微分方程式を連立して解くことになります。これらを解析的に解くことは難しいため，数値計算が用いられます。数値計算の方法としては，差分法や**特性曲線法**（method of characteristics）などが用いられます。

演 習 問 題

【6.1】 問図 6.1 に示すような台形断面水路および円形断面水路の流水断面積 A，潤辺 S，径深 R を表す式を求めてください。

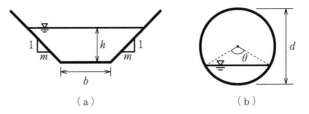

問図 6.1

【6.2】 水路勾配 $i = 0.03$，水路幅 $B = 40.0\,\mathrm{cm}$ の実験用長方形断面水路に，流量 $Q = 0.015\,\mathrm{m^3/s}$ の水を流したところ，水深 $h_0 = 2.5\,\mathrm{cm}$ の等流となりました。このとき，この水路のマニングの粗度係数 n を求めてください。

【6.3】 水路勾配 $i = 1/500$，水路幅 $B = 20.0\,\mathrm{m}$，マニングの粗度係数 $n = 0.015\,\mathrm{s/m^{1/3}}$ の長方形断面水路に，流量 $Q = 30.0\,\mathrm{m^3/s}$ の水を流します。生じる流れを等流とみなすことができるとき，繰返し計算を用いてその水深 h_0 を求めてください。

【6.4】 水路勾配 i，流水断面積 A，マニングの粗度係数 n が与えられているときに，最大の流量を流すことができる断面を経済断面と呼びます。このとき，以下の問に答えてください。
 （1） i，A，n が与えられているときに，流量を最大にするためには，潤辺を最小にすればよいことをマニングの式を用いて示してください。
 （2） 断面が長方形のとき，経済断面の水路幅 B と水深 h の関係を表す式を示してください。

【6.5】 水路幅 $B = 1.00\,\mathrm{m}$ の長方形断面水路に，流量 $Q = 5.00\,\mathrm{m^3/s}$ の水を流します。このとき，**問表 6.1** のそれぞれの水深に対応する値を計算してください。また，計算結果を用いて比エネルギー図を描き，水深とフルード数の関係について説明してください。

問表 6.1

水深 h [m]	流水断面積 A [m²]	流速 v [m/s]	速度水頭 $v^2/2g$ [m]	比エネルギー E [m]	フルード数 Fr
5.000	5.000	1.000	0.051	5.051	0.143
3.000	3.000	1.667	0.142	3.142	0.307
2.000					
1.366					
1.000					
0.726					
0.600					
0.531					

【6.6】 流量 $Q=10.0\,\mathrm{m^3/s}$ の水が流れている水路幅 $B=5.00\,\mathrm{m}$ の長方形断面水路において，**問図 6.2** のように流れ方向に下る段差があるときの流れを考えます。段差より上流側の流れの比エネルギーが $E_1=1.50\,\mathrm{m}$ で，段差の高さが $d=0.30\,\mathrm{m}$ であるとき，上流側から常流で流れてくる場合と射流で流れてくる場合のそれぞれの場合について，段差より上流側の水深 h_1 と下流側の水深 h_2 を求めてください。ただし，段差の前後における全水頭の変化は無視できるものとします。

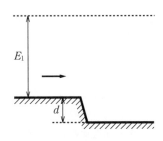

問図 6.2

【6.7】 流量 $Q=5.00\,\mathrm{m^3/s}$ の水が流れている水路幅 $B=1.00\,\mathrm{m}$ の長方形断面水路において，跳水が生じています。跳水の直前の断面における水深が $h_1=0.40\,\mathrm{m}$ であるとき，以下の問に答えてください。
（1） 跳水の直後の断面における水深 h_2 とフルード数 Fr_2 を求めてください。
（2） 跳水により失われる比エネルギー ΔE は，跳水の直前の断面における比エネルギー E_1 の何 % に相当するか求めてください。

【6.8】 流量 $Q=20.0\,\mathrm{m^3/s}$ の水が流れている水路幅 $B=5.00\,\mathrm{m}$ の長方形断面水路において，**問図 6.3** のように水路床に段差を設けることで跳水を生じさせている流れについて考えます。跳水の直前の断面 I における水深が $h_1=0.35\,\mathrm{m}$，段差の高さが $d=0.65\,\mathrm{m}$ であるとき，断面 I と断面 III の間で運動量保存の式を立てて，断面 III における水深 h_3 を求めてください。ただし，水路床から受ける摩擦力は無視できるものとします。

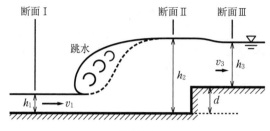

問図 6.3

【6.9】 **問図 6.4** のように流れをせき止めているゲートを開くとき，ゲートの上流側と下流側でそれぞれどのような段波が生じるか説明してください。

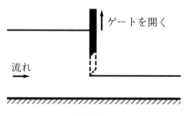

問図 6.4

【6.10】 水路勾配 $i=1/750$，水路幅 $B=10.0\,\mathrm{m}$，マニングの粗度係数 $n=0.017\,\mathrm{s/m^{1/3}}$ の長方形断面水路に，流量 $Q=30.0\,\mathrm{m^3/s}$ の水を流すとき，以下の問に答えてください。
 （1）等流水深 h_0 を求めてください。
 （2）限界水深 h_c を求めてください。
 （3）この水路は緩勾配水路と急勾配水路のどちらか判別してください。

【6.11】 6.5.1 項では，式 (6.47) の摩擦損失勾配の項をマニングの粗度係数を用いて評価し，式 (6.54) を導きました。マニングの粗度係数 n の代わりにシェジーの係数 C を用いると，広幅長方形断面水路における不等流を表す基礎方程式として，次式が導かれることを示してください。

$$\frac{dh}{dx}=i\frac{1-\left(\dfrac{h_0}{h}\right)^3}{1-\left(\dfrac{h_c}{h}\right)^3}$$

【6.12】 水路幅 B とマニングの粗度係数 n が一定で，**問図 6.5** のように上流から水路勾配が i_1，i_2，i_3 と変化し，下流端が段落ちになっている広幅長方形断面水路に流量 Q の水が流れています。水路勾配の関係は，水路Ⅰ（図 (a)）では $i_1 > i_2 > i_c > i_3$，水路Ⅱ（図 (b)）では $i_1 < i_2 < i_c < i_3$ です。ここで，i_c は限界勾配です。水路勾配が i_3 の区間の途中にはゲートが設置されています。このとき，上流端から下流端までの水面形を描いてください。ただし，水路は十分に長く，水路の上流端では等流水深で流れているものとします。また，ゲート直下の隙間の高さは，水路Ⅰでは限界水深より小さく，水路Ⅱでは等流水深よりも小さいものとします。

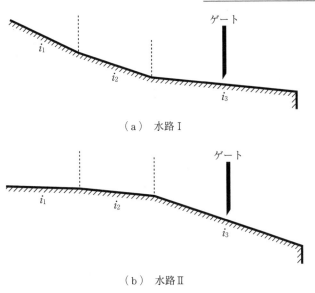

問図 6.5

【6.13】 勾配 $i=1/2\,000$，幅 $B=100\,\mathrm{m}$，マニングの粗度係数 $n=0.030\,\mathrm{s/m^{1/3}}$ の川 A が，地点 P で川 B に合流しています。通常時，川 A の流量は $Q=50.0\,\mathrm{m^3/s}$ で，等流水深で川 B に合流しています。このとき以下の問に答えてください。

（1） 川 A における等流水深 h_0 と限界水深 h_c を求めてください。

（2） 洪水により川 B の水位が上昇し，地点 P での水深が 3.00 m となったとき，地点 P から上流に向かって 500 m ごとに計算断面をとって不等流計算を行い，2 000 m，4 000 m，6 000 m 上流での川 A の水深を求めてください。

引用・参考文献

1) 物部長穂：水理学（増補改訂版），岩波書店（1950）
2) 国土交通省：水文水質データベース，http://www1.river.go.jp/（2018 年 6 月 11 日現在）
3) V. T. Chow: "Open-Channel Hydraulics", McGraw-Hill（1959）
4) H. R. Vallentine: "Water in the Service of Man", Penguin Books（1967）
5) 吉川秀夫：水理学，技報堂出版（1976）
6) 日野幹雄：明解水理学，丸善出版（1983）
7) 本間 仁：標準水理学（改訂三版），丸善出版（1984）
8) 鮏川 登：水理学（土木系 大学講義シリーズ 6），コロナ社（1987）
9) 岡本芳美：開水路の水理学解説，鹿島出版会（1991）
10) 禰津家久，冨永晃宏：水理学，朝倉書店（2000）
11) N. B. Webber: "Fluid Mechanics for Civil Engineers (SI Edition)", Chapman and Hall（1971）
12) M. Kay: "Practical Hydraulics (2nd Edition)", Taylor & Francis（2008）
13) L. Hamill: "Understanding Hydraulics (3rd Edition)", Palgrave Macmillan（2011）

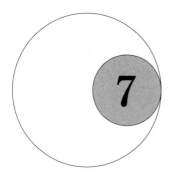

7 海の中の水の運動：波の水理

大気と水面の境界での波は一般的に風によって生じますが，波の運動はその水域の水深と波の波長によって様相が変化します．本章では，重力を復元力として海水面を伝わる重力波を取り扱い，波の性質，理論，水粒子の運動，波の変形の基本事項について解説します．

7.1 水面の波の運動

日本は四方を海に囲まれており，沖合ではつねに波が発生しています．また，海だけではなく，湖沼などでも波は発生しますし，プールなどでも波を生じさせることができます．音波や内部波など，波にもさまざまありますがここでは水面と大気の境界において形成される水面の波を対象とします．

波の生成について，一般的に風が水面を吹きわたることによって発生し，その大きさ（波高）は風の強さ（風速）と継続時間，風が吹いている範囲に依存します．一方，風によらない波としては地震などによって海底地盤が鉛直方向に変動すること，あるいは沿岸部での地滑りや火山の噴火などにより発生する津波があります．

これまで示してきたような開水路の流れにおいては，流れのエネルギーのほうがその対象場において生じる波のエネルギーよりもはるかに大きいため，波による影響は無視し，水面については変動しないと仮定して扱っています．本章では，波が支配的な物理要因である海域での水の運動に関する基本的事項について記述します．

静水面において，一部の水面がその平衡状態の位置から上方向，または下方向に変位すると，その水面は復元力により平衡の位置まで戻ろうとします．ただし，慣性力が生じていることによりその平衡位置を超えて水面は変動し，変動後には逆方向の復元力が働きます．このように水面は上下方向に変位するとともに，この変位により生じた波が平面的に全方向に伝播していきます．この水面の復元力には表面張力と重力があり，表面張力による波を表面張力波，重力によるものを**重力波**（gravity wave）と呼んでいます．表面張力波は波高が非常に小さい波（波高が1〜2mm）であり，水理学や海岸工学の分野において対象となることはほとんどありません．一方，重力波に関しては，海岸構造物の安定性や海浜形状の変形

に対する主要な外力となるため重要となります。よって，ここではおもに重力波について記述することとします。

7.1.1 波の諸元

はじめに，波の諸元について示します。ここで，**図7.1**のように波の進行方向を x 軸，水面位置を原点として鉛直上方向を z 軸と定義します。水面の波を沿岸方向（図の奥行方向）に一様なものと考えると，断面二次元（xz 平面）の波として考えることができます。

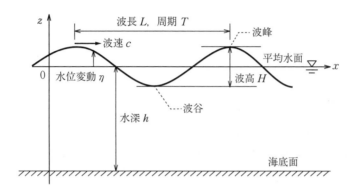

図7.1 波の諸元

波を考える上での基本量として，長さに関しては，**波高**（wave height）H，**波長**（wave length）L，**水位変動**（surface elevation）η，**水深**（water depth）h，そして時間に関しては，**周期**（wave period）T，速度に関しては**波速**（wave speed, celerity）c が挙げられます。

波の大きさを表すものは波高 H と波長 L で，波高は**波峰**（wave crest）から**波谷**（wave trough）までの鉛直距離，波長は一波分（例えば波峰からつぎの波峰まで）の水平距離になります。また，水位変動 η は平均水面からの鉛直変位を示します。波の周期 T は，水面上のある固定地点を一波が通過するまでの時間であり，また，波形の進行速度を波速 c と呼びます。水深 h については，海底面から平均水面までの鉛直距離を示します。

7.1.2 波の性質

波に関する物理量は，水深 h により大きく変化します。ここで，波の性質を表す三つの無次元パラメータを示します。

〔1〕**波形勾配** **波形勾配**（wave steepness）H/L は，波高 H と波長 L の比であり，波面形状のとがり度を示します。水深が浅くなると浅水変形（7.2.5 項〔1〕）により，波高が増大するとともに，波形が非対象形となり，波形勾配が大きくなります。ゆえに，波の発達・減衰の過程を表すパラメータということもできます。後述する微小振幅波理論

(7.2.1項)では $H/L \ll 1$ を前提として導入されています。一方、H/L が大きい波は有限振幅波理論を用いて解析することが多くなります。

〔2〕**相対水深** 相対水深（水深波長比，比水深）(relative water depth) h/L は、水深 h と波長 L の比であり、波のスケールから見て、その地点での水深の影響をどれだけ受けているかを示す指標です。水深が浅くなるほど数値は小さくなります。この指標は波の分類に使われます（7.1.3項〔2〕）。

〔3〕**相対波高** 相対波高（波高水深比）(relative wave height) H/h は、波高 H と水深 h の比であり、岸に近くになるほどその値は大きくなります。これは浅海域での波の非線形性を表すパラメータであり、水深で規定される砕波限界にどれだけ近づいているかを示しています。

7.1.3 波の分類

〔1〕**規則性による分類** 波形（波高と周期）が一定であり、かつ、一方向に連続して伝播する波を**規則波**（regular wave）と呼びます。一方、海で見られる波は、一波ごとの波高と周期が異なり、また、それぞれの波の進行方向も異なっています。このような波を**不規則波**（irregular wave, random wave）と呼びます。この不規則波は、波高、波長、周期が異なる規則波を重ね合わせた波と考えることができます。また、形状が余弦関数、正弦関数で表される波を線形波動と呼び、一方、余弦、正弦関数では表されずに、異なった形状となる波を非線形波動と呼びます。

〔2〕**水深による分類** 波の運動は、その水域の水深と波長によって様相が変化します。波は先に示した無次元指標の相対水深 h/L によって以下のように分類することができます。

① **深海波（沖波）:** 相対水深が $1/2$ よりも大きい領域での波を**深海波（沖波）**（deep water wave）と呼びます。波長に比べて水深が大きいことから、水底面の影響を受けていない波と言えます。

② **浅海波:** 水深が浅くなってくると相対水深は徐々に小さくなってきます。相対水深が $1/20$ から $1/2$ の領域での波を**浅海波**（intermediate water wave）と呼びます。この領域においては、波形は水底面の影響を受け、変形します。

③ **極浅海波:** 水深がさらに浅くなり、相対水深が $1/20$ 以下の領域の波を**極浅海波**（shallow water wave）と呼びます。水面から水底面までの水粒子運動がほぼ一様な水平運動することから、水底面の影響を強く受けます。

④ **長波:** 水深の大きさに関わらず、波長が非常に大きい場合においても相対水深が $1/20$ 以下になります。このような波を**長波**（long wave）と呼び、水粒子運動は極浅

海波と同様です。代表的なものが津波と高潮です。

〔3〕 **地形形状との関係による分類**　砂浜海岸において，波は地形変化を生じさせる主要な外力となります。地形形状が堆積傾向にあるか侵食傾向にあるのかを波によって分類するパラメータが複数提案されています。ここでは一例として無次元係数 C_s による海浜地形区分を示します[1]。

$$\frac{H_0}{L_0} = C_s(\tan\beta)^{-0.27}\left(\frac{d}{L_0}\right)^{0.67} \tag{7.1}$$

ここで，波高，波長の下付添え字 0 は深海波（沖波）の値であることを示します。ゆえに，左辺は深海波（沖波）の波形勾配，d は底質粒径，$\tan\beta$ は海底勾配です。この C_s の値を用いて，現地海浜（括弧内は室内実験の場合の値）であれば，$C_s>18$（$C_s\geq 8$）の場合に**侵食形**（eroding beach）（汀線位置が陸側に移動），$18>C_s>9$（$8>C_s\geq 4$）では中間形，$9>C_s$（$4>C_s$）では**堆積形**（accreting beach）（汀線位置が沖側に移動）となる 3 タイプに区分できます。ここで，**汀線**（shoreline）とは陸と海の境界であり，その位置は地形変化と潮位変化によってつねに変動します。

7.2　波の理論と変形

波の理論的取扱いは大きく**微小振幅波**（small amplitude wave）理論と**有限振幅波**（finite amplitude wave）理論に分類されます。微小振幅波は，波動運動の小さい，重ね合わせのできる線形波動です。一方，波形勾配が大きくなったり，また，水深が浅くなり波形の変形が生じたりする（浅水変形）と波の非線形性を考慮しなければならなくなります。このような波は有限振幅波と呼ばれる非線形波動となります。有限振幅波には深海域から浅海域を対象とするストークス波，浅海域から極浅海域を対象とするクノイド波，また，一つの波峰が波形を変えずに伝播する孤立波などがあります。

本節では，深海波（沖波）から極浅海波までの波の性質を理解するための基礎となる，**微小振幅波理論**（small amplitude wave theory）について記述します。波の性質を解明する上で，波を数式で表すことが重要となります。はじめに，理論の仮定を示した後，基礎方程式と境界条件を示します。さらに，導出した速度ポテンシャル，および境界条件を用いて，波長，波速を表す式の導出を行います。

7.2.1　微小振幅波理論

〔1〕 **理論の仮定**　これより，微小振幅波進行波の理論式の誘導を行います。微小振幅波理論は以下の仮定のもとに成り立っています。

① 水は非圧縮（密度が一定）であり，非粘性（完全流体）とする。
② 流体運動は非回転であり，速度ポテンシャルϕを持つとする。
③ 波は一方向に進む二次元の現象とする。
④ 波形勾配（水面変動）が小さい波であり，水粒子運動が緩やかである。
⑤ 波形は変化せずに伝播する。
⑥ 水面での圧力は一様，一定とする。
⑦ 水底は水平な固定床，かつ，不透過であり，水深は一定とする。
⑧ 表面張力やコリオリ力（地球が自転している影響で現れる見かけの力の効果）は無視する。

以上の仮定のもとに，速度ポテンシャル，および水底面と水面での境界条件を用いて理論式の誘導を行います。

〔2〕 **基礎方程式と境界条件**　波の進行方向をx，鉛直上方向をzとする二次元座標系（図7.2）を用いることとします。流体運動が満たす必要のある連続式は，速度ポテンシャルϕを用いて次式のように記述できます。

$$\frac{\partial^2 \phi}{\partial x^2} + \frac{\partial^2 \phi}{\partial z^2} = 0 \tag{7.2}$$

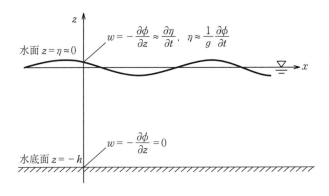

図7.2　水面，水底面での運動学的・力学的条件

これは，ラプラスの方程式（式(4.16)）で，この方程式を境界条件を用いて解くことにより未知である速度ポテンシャルϕを計算することができます。

はじめに，波形が変化しない波（仮定⑤）の進行方向をxとした場合，水粒子の水平，および鉛直方向の運動速度u，wはそれぞれ式(7.3)，(7.4)のように定義することができます。

$$u = -\frac{\partial \phi}{\partial x} \tag{7.3}$$

$$w = -\frac{\partial \phi}{\partial z} \quad (7.4)$$

さらに，時間（t）的に変化することから，波高 H，波長 L，周期 T である水面波形 η が余弦関数 cos を用いて次式で表されると仮定します．

$$\eta = \frac{H}{2}\cos 2\pi\left(\frac{x}{L}-\frac{t}{T}\right) = \frac{H}{2}\cos(kx-\omega t) \quad (7.5)$$

ここで，$k\,(=2\pi/L)$ は波数，$\omega\,(=2\pi/T)$ は角周波数です．波数は単位距離当りの波の数，また，角周波数は固定点を単位時間当りに通過する波の数を意味しています．

つぎに，水底面，および水面での境界条件を考えます．水底面上（$z=-h$）での水粒子運動は，水底面により鉛直方向の運動が制限されることから，水粒子は水平方向にのみ移動可能となります．したがって，鉛直速度 w は 0 となり，これが水底面での運動学的条件となります．

$$w = -\frac{\partial \phi}{\partial z} = 0 \quad (z=-h) \quad (7.6)$$

一方，水面（$z=\eta$）での水粒子は，水面の変動に追随しつねに水面上（η）にあることから，水粒子の鉛直速度 w は水面の変動速度 $\partial \eta/\partial t$ と一致することになります．これが水面での運動学的条件になります．ここでは，波形勾配を非常に小さいとしていることから（仮定④），$\eta \approx 0$ と仮定できます．

$$w = -\frac{\partial \phi}{\partial z} \approx \frac{\partial \eta}{\partial t} \quad (z=\eta\approx 0) \quad (7.7)$$

水面，および水中での圧力 p は，非定常・非回転（渦なし）における一般化されたベルヌイの定理により，水の密度 ρ，重力加速度 g を用いて次式のように示すことができます．

$$-\frac{\partial \phi}{\partial t} + \frac{1}{2}\left\{\left(\frac{\partial \phi}{\partial x}\right)^2+\left(\frac{\partial \phi}{\partial z}\right)^2\right\}+\frac{p}{\rho}+gz=0 \quad (7.8)$$

ここで，水粒子運動が緩やかであることから（仮定④），速度の2乗項は無視できるほど小さく，さらに水面（$z=\eta\approx 0$）における圧力は0（ゲージ圧）であるという条件を用いると，水面での力学的条件である次式を導くことができます．

$$\eta \approx \frac{1}{g}\frac{\partial \phi}{\partial t} \quad (z=\eta\approx 0) \quad (7.9)$$

〔3〕 **速度ポテンシャル** 一定方向に進行する微小振幅波の**速度ポテンシャル**（velocity potential）ϕ は，波の周期性を考えると進行方向となる水平方向 x と時間 t に関して周期関数で表現できます．ここで，周期関数として正弦波形 sin を用いて，次式のように仮定します．

$$\phi = Z(z)\sin(kx-\omega t) \quad (7.10)$$

ここで，$Z(z)$ は鉛直方向座標 z の関数です．ここではこの $Z(z)$ の導出は略しますが，速度ポテンシャルの連続式（式 (7.2)），水底での運動力学境界条件（式 (7.6)），水面での力学的条件（式 (7.9)），および水面波形 η の式（式 (7.5)）を用いることで，速度ポテンシャル ϕ は波高を用いて次式で表すことができます．

$$\phi = -\frac{Hg}{2\omega} \frac{\cosh k(h+z)}{\cosh kh} \sin(kx - \omega t) \tag{7.11}$$

7.2.2 波の波長と波速

先に示した速度ポテンシャル（式 (7.11)）と境界条件を用いることで，水の波の基本的な性質である波長 L，および波速 c と周期 T との関係を導くことができます．はじめに，水面上における水面波形の式 (7.5) と速度ポテンシャル（式 (7.11)）を水面での運動力学的条件（式 (7.7)）に代入します．ここで，z を静水面上とおき（$z=0$），展開すると波数 k と周波数 ω の関係式を導き出せます．

$$\omega^2 = gk \tanh kh \tag{7.12}$$

これを**分散関係式**（dissipation relation equation）と呼びます．さらに，ここで波数と周波数を波長と周期を用いて表すと，次式のように水深 h と周期 T を関数とした波長 L を計算する式を導出できます．

$$L = \frac{gT^2}{2\pi} \tanh\left(2\pi \frac{h}{L}\right) \tag{7.13}$$

ただし，この式は両辺に波長を含んでいることから，値の算出には繰返し計算が必要となります．また，波速は $c = L/T = \omega/k$ と表すことができることから，次式のように表すことができます．

$$c = \frac{g}{\omega} \tanh kh = \frac{gT}{2\pi} \tanh\left(2\pi \frac{h}{L}\right) \tag{7.14}$$

$$c = \sqrt{\frac{g}{k} \tanh kh} = \sqrt{\frac{gL}{2\pi} \tanh\left(2\pi \frac{h}{L}\right)} \tag{7.15}$$

式 (7.13)，(7.15) より，波は周期が長いほど波長が長くなり，また，波速も速くなることがわかります．一方，周期が一定であると仮定すると，水深が減少するにつれて波長は短くなり，波速は減少します．

これら波長，波速の式には双曲線関数 tanh が含まれています．この双曲線関数を近似することにより，7.1.3 項 [2] で示した水深による波の分類における深海波（沖波），極浅海波，および長波については簡易式を導出することができます．

深海波（沖波）では水深が大きいことから kh が無限大に近づいていくと考えることができます．よって，**図 7.3** より tanh kh は 1 に近似できます．一方，極浅海波，長波では kh

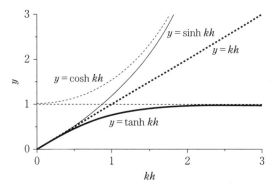

図 7.3 双曲線関数

($=2\pi h/L$) が 0 に近づくことから $\tanh kh$ を kh に近似することができます。よって，それぞれの波長，波速は以下のような簡易な式で表すことができます。

〈深海波（沖波）（$kh \to \infty$，$\tanh kh \to 1$）〉

$$L_0 = \frac{gT^2}{2\pi} = 1.56T^2 \, [\mathrm{m}], \qquad c_0 = \frac{gT}{2\pi} = 1.56T \, [\mathrm{m/s}] \tag{7.16}$$

〈極浅海波（$h \to 0$，$\tanh kh \to kh$），長波（$k = 2\pi/L \to 0$，$\tanh kh \to kh$）〉

$$L = \sqrt{gh}\,T \, [\mathrm{m}], \qquad c = \sqrt{gh} \, [\mathrm{m/s}] \tag{7.17}$$

ここで，深海波（沖波）には水底地形の影響を受けていない波であることを示すため，下付添え字 0 を付けることが慣例となっています。

深海波（沖波）の波長と波速は，周期のみの関数となり，水深に依存しません（式 (7.16)）。ゆえに，この値は水底地形の影響を受けて波形が変形してしまう浅海波の諸量を表示する場合の基準値としても使用されます。一方，極浅海波，長波の波長は水深と周期の関数で示され，水深が浅いほど，また，周期が短いほど短くなります（式 (7.17)）。波速は周期に依存せず，水深のみによって決定されます。したがって，同じ水深であれば波長の短い波も長い波も同一速度で進行する波になります。ここで，津波について考えてみます。津波は波長が非常に長い波であるため，長波に分類されます。よって，津波の波速は水深にのみ依存し，例えば，水深 3 000 m であれば波速 172 m/s，水深 10 m であれば波速 9.9 m/s となります。

任意の水深での波長を式 (7.13) により算出するには，水深と周期からニュートン法などによる繰返し計算が必要となります。繰返し計算の必要のない算定式としては，最大誤差 3 ％ の次式によっても算出は可能です[2]。

$$L \approx \frac{gT^2}{2\pi} \tanh\left\{ 2\pi \sqrt{\frac{h}{gT^2}} \left(1 + \sqrt{\frac{h}{gT^2}} \right) \right\} \tag{7.18}$$

あるいは，波長と水深の関係（h/L_0 と L/L_0，h/L）を用いることで算出が可能です。

ここで，式 (7.13), (7.14), (7.16) より

$$\frac{L}{L_0} = \frac{c}{c_0} = \tanh\frac{2\pi h}{L} \tag{7.19}$$

を得ることができます。さらに，両辺に h/L を掛けることにより

$$\frac{h}{L_0} = \frac{h}{L}\tanh\frac{2\pi h}{L} \tag{7.20}$$

と示すことができます。**図7.4**に h/L_0 と h/L, L/L_0, c/c_0 の関係式を示します。これを用いることでも任意水深での波長を算出できます。

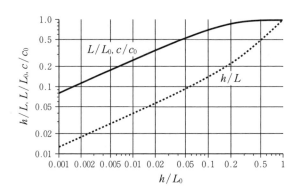

図7.4　波長・波速の算定図

7.2.3　水粒子の運動速度とその軌跡

水粒子の水平速度（horizontal water particle velocity）u（式 (7.3)），および鉛直速度 w（式 (7.4)）は，速度ポテンシャル ϕ（式 (7.11)）を用い，さらに分散関係式（式 (7.12)）を用いて書き直すと次式のように表すことができます。

$$u = -\frac{\partial \phi}{\partial x} = \frac{H\omega}{2}\frac{\cosh k(h+z)}{\sinh kh}\cos(kx - \omega t) \tag{7.21}$$

$$w = -\frac{\partial \phi}{\partial z} = \frac{H\omega}{2}\frac{\sinh k(h+z)}{\sinh kh}\sin(kx - \omega t) \tag{7.22}$$

水平速度 u は余弦関数で示されており，これは水面波形 η（式 (7.5)）と同位相になります。よって，水面が上昇している所では，水粒子は波の進行方向と同一（岸方向）に動き，一方，下降しているところでは逆方向（沖向き）に動きます。

水粒子運動は，相対水深 h/L を用いて分類した波の区分によりその様相は異なります。それぞれの区分における水粒子運動の軌跡と水粒子速度の鉛直分布を**表7.1**に模式的に示します。深海波（沖波）の水粒子運動は円軌道を描きます。その大きさは水深方向に指数関数的に小さくなっていき，水底面までは届きません。浅海波での水粒子運動は楕円運動とな

表7.1 相対水深 h/L による波の分類と水粒子運動

	深海波（沖波）	浅海波	極浅海波，長波
相対水深 h/L	$\infty \sim 1/2$	$1/2 \sim 1/20$	$1/20$ 以下
水粒子運動の軌跡			
水粒子速度の鉛直分布			

り，その運動は水底面まで届きます．極浅海波，および長波では，水平方向の速度，加速度，移動距離が水深方向にほぼ一様となります．ゆえに，浅海波と極浅海波，長波は水底面上の底泥，砂や礫を移動させる外力となります．

7.2.4　波のエネルギーとその輸送

微小振幅波では，水粒子の運動軌道は閉じています（表7.1）．しかし，実際の水粒子の運動を捉えると，上層のほうが下層よりも速度が速いために水粒子の運動はらせん形となり軌道が閉じず，水は徐々に波の進行方向へと運ばれ，質量輸送が起こります．つまり，波が持つエネルギーは水面運動による位置エネルギーと水粒子の持つ運動エネルギーの和として波の進行方向に少しずつ輸送されることになります．

ここでは，微小振幅波における波のエネルギー輸送を考えます．水面の単位面積当りの波の**位置エネルギー**（potential energy）E_p は質量（体積×密度）×重力加速度×高さ（水深）と考えて計算すると次式となります．

$$E_\mathrm{p} = \frac{1}{16} \rho g H^2 \tag{7.23}$$

また，同様に水面の単位面積当りの波の持つ**運動エネルギー**（kinetic energy）E_k は（質量×（流速）^{2}）/2 と定義でき，鉛直方向に積分して断面当りの量を計算すると次式となります．

$$E_k = \frac{1}{16}\rho g H^2 \tag{7.24}$$

つまり，微小振幅波理論では，位置エネルギーと運動エネルギーは等しくなります．水面の単位面積当りの**波のエネルギー**（wave energy）E は両者の和となり，式（7.25）のように示すことができます．

$$E = E_p + E_k = \frac{1}{8}\rho g H^2 \tag{7.25}$$

一方で，水粒子の運動が継続され，波が伝播され続けるには波のエネルギーがつねに輸送される必要があります．単位時間ごとに水面から水底までの単位幅を横切って輸送されるエネルギーの総量は，波一周期当りの平均エネルギーを W（エネルギー輸送量）とすると，波の全エネルギー E と**エネルギーの伝達速度**（energy transmission velocity）である**群速度**（group velocity）c_g を用いて次式のように計算されます．

$$W = E c_g \tag{7.26}$$

群速度 c_g は波形の速度 c と以下の関係があります．

$$n = \frac{c_g}{c} = \frac{1}{2}\left(1 + \frac{2kh}{\sinh 2kh}\right) \tag{7.27}$$

係数 n は深海波（沖波）では 0.5，極浅海波，長波では 1.0 となり，浅海波はこの間の値をとります（**図 7.5**）．

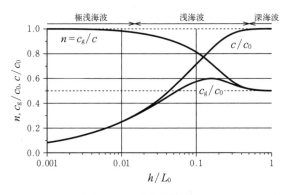

図 7.5　群速度の算定図

波のエネルギー輸送過程において，砕波や水底面での摩擦などによるエネルギー損失を無視すると

$$W = E c_g = E n c = \text{const.} \tag{7.28}$$

となり，これは波の変形を考える上で重要な式となります．

7.2.5 波の変形

〔1〕**浅水変形** 波は水底地形の影響を受けない深海波領域においては，波形が変化することなく進行します．しかし，水深が浅くなるにつれて水底面の影響を受けるようになると，波高は大きくなり，波長は短く，また，波速は遅くなります．これを**浅水変形**（wave shoaling）と呼びます．ここでは，微小振幅波の仮定が成り立つとし，波のエネルギー輸送の考えを用いて波高の変化を求めます．

図7.6に示した断面ⅠからⅡまでの領域を考えます．断面Ⅰ，Ⅱの両地点における物理量をそれぞれ下付添え字1, 2で表します．単位幅当りの波のエネルギー輸送量は Ec_g で表されます．この領域において，断面Ⅰから単位時間に入ったエネルギーが砕波や底面粗度などにより単位時間当りに損失する平均エネルギーを W_{loss} とし，その後断面Ⅱから出ていくまでのエネルギー収支は，次式のように表すことができます．

$$(Ec_g)_1 - (Ec_g)_2 = W_{loss} \tag{7.29}$$

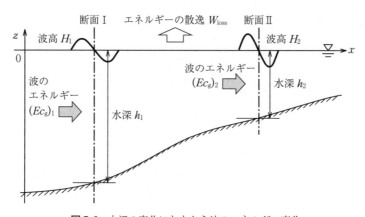

図7.6 水深の変化にともなう波のエネルギー変化

ここではエネルギー損失がないものと仮定し，また，断面Ⅰを深海波（沖波）と考えると次式が成り立ちます．

$$\frac{1}{8}\rho g H_0^2 c_{g0} = \frac{1}{8}\rho g H^2 c_g \tag{7.30}$$

式(7.30)を展開すると次式が得られます．

$$\frac{H}{H_0} = \sqrt{\frac{c_{g0}}{c_g}} = \sqrt{\frac{c_0}{2nc}} = K_s \tag{7.31}$$

ここで，K_s は浅水係数と呼ばれます．

以上より，任意の地点における波高 H は，水底地形の影響を受けていない深海波（沖波）の波高 H_0，および両地点における群速度 c_{g0}，c_g，または波速 c_0，c を用いて求めることができます．

浅水係数（wave shoaling coefficient）K_s は式 (7.19), (7.27), (7.31) を用いて，次式で表すことができます．

$$K_s = 1 \Big/ \sqrt{\tanh kh \left(1 + \frac{2kh}{\sinh 2kh}\right)} \tag{7.32}$$

図7.7 に相対水深 h/L_0, h/L と浅水係数 K_s の関係を示します．ただし，この浅水変形理論が適用できるのは，エネルギー損失が無視できる領域になります．ゆえに，沖合から，大きなエネルギー損失が始まる波が砕ける地点（砕波点）までが適用範囲になります．また，水深が小さくなると浅水変形により波高が大きくなり，微小振幅の仮定が成立しなくなるため，波高の影響を考慮した計算も必要になります．

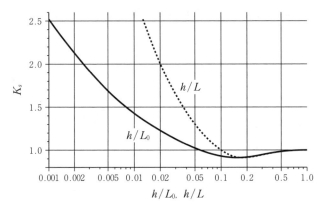

図7.7 浅水係数の算定図

〔2〕**屈　　折**　波は水深が変化することによって波速も変化します．そのため，水底が変化している領域に対して波が斜めに入射すると，波速の違いにより波の進行方向が変化します．これを**波の屈折**（wave refraction）と呼びます．つまり，沖において波が汀線に対して斜めに進行していても，屈折によりその方向が徐々に変化し，岸では汀線と垂直となります．ここで，**図7.8** のように，領域Ⅰ（水深 h_1）から領域Ⅱ（水深 h_2）と浅くなる直線境界に対し，波が θ_1 の角度から入射する場合を考えます．

波峰線 c が岸に向かって進行し，波向線 a の波が境界点 A に達したとき，波向線 b の波は点 B にあります．波向線 b の波が境界点 B′ に達したとき，波向線 a の波は水深が浅い領域Ⅱに入っているため，波速が遅くなり（$c_2 < c_1$），点 A′ までしか進行しません．同一時間内に波向線 a, b の波はそれぞれ A-A′ 間，B-B′ 間を進行することになるため，領域Ⅰ，Ⅱの波速を用いて $\overline{AA'}/c_1 = \overline{BB'}/c_2$ と表せます．ここに，$\overline{AA'} = \overline{AB'} \sin\theta_1$，$\overline{BB'} = \overline{AB'} \sin\theta_2$ を代入すると，つぎの関係式（**スネルの法則**（Snell's law））が得られます．

$$\frac{c_1}{\sin\theta_1} = \frac{c_2}{\sin\theta_2} \tag{7.33}$$

7.2 波の理論と変形

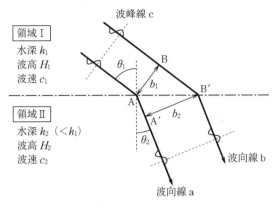

図7.8 波の屈折

また,波が屈折すると,波向線の間隔が b_1 から b_2 に変化します。これは図より幾何学的に次式を導くことができます。

$$\frac{b_1}{\cos\theta_1} = \frac{b_2}{\cos\theta_2} \tag{7.34}$$

ここで,図7.8での断面 AB と断面 A'B' での波のエネルギー輸送量は一定となるため,$Ec_{g1} \times b_1 = Ec_{g2} \times b_2$ が成り立ちます。よって,屈折による波高変化は次式で表されます。

$$\frac{H_2}{H_1} = \sqrt{\frac{c_{g1}}{c_{g2}}} \sqrt{\frac{b_1}{b_2}} = K_s K_r \tag{7.35}$$

ここで,K_r は **屈折係数**(wave refraction coefficient)であり,次式で表されます。

$$K_r = \sqrt{\frac{b_1}{b_2}} = \sqrt{\frac{\cos\theta_1}{\cos\theta_2}} \tag{7.36}$$

式 (7.35) より波高の変化は浅水係数と屈折係数の積で表されることになります。

屈折により,**図7.9** に示すように,海側に凸となる岬のような場所においては波のエネルギーが集中し,逆に凹となるような海岸地形では波のエネルギーは減少します。ゆえに,例えば外洋から津波が来襲してくる場合においては,図のような凸地形形状の地域において,

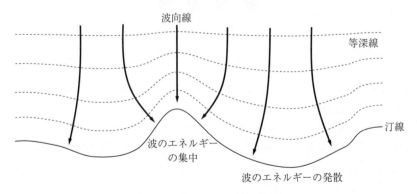

図7.9 海岸地形による波の屈折

より大きな波高となります。

7.3 ラディエーション応力

ラディエーション応力（radiation stress）は，波によって運ばれる運動量が場所により違うことによって発生する力という意味であり，余剰運動量流束とも呼ばれています。この応力により，海岸で波の作用による流れや水位上昇が発生することになります。ニュートンの運動の第2法則は $F=ma$ で表されますが，これを書き換えると $F=m\times dv/dt$，さらには $F=d(mv)/dt$ となります。すなわち，運動量 mv の時間的な変化 d/dt は力 F であるということになります。これはラグランジュ流の記述ですが，水理学において主として用いられるオイラーの方法で観察を行い，解釈をオイラー流に変えてみます。

波は浅水変形や屈折，また，砕波などによってつねに変形していることから，波の大きさは場所によって異なります。ここで，汀線から垂直沖方向に，沖側と岸側に二つの観察断面を設定すると，沖側の断面を通して運ばれてくる運動量と岸側の断面から運び出される運動量には差が生じることになります。ゆえに，この二つの断面において時間当りに運ばれてくる運動量が異なるため，この間で運動量の時間的な変化が生じることになり，これがニュートンの運動の第2法則から力を生じさせることになります。この力をラディエーション応力と呼んでいます[3]。

一般に，岸沖方向のラディエーション応力は次式のように表されます。

$$S_{xx} = E\left(\frac{2c_g}{c} - \frac{1}{2}\right) = \frac{1}{8}\rho g H^2 \left(\frac{2c_g}{c} - \frac{1}{2}\right) \tag{7.37}$$

ここで，S_{xx} は波高の2乗に比例することから，砕波帯のように波高の変化の大きい領域においては空間的に大きく変化することになります。

演 習 問 題

【7.1】 波高 0.5 m，周期 10.0 秒を考えます。この波の波速と波長について，水深が 200 m と 4.0 m での値をそれぞれ計算してください。

【7.2】 水深 200 m の海域における，波高 2.0 m，周期 15.0 秒の波の単位幅当り一波長間の総エネルギー輸送量を計算してください。

【7.3】 波高 3.0 m，周期 12 秒の沖波が汀線に対して 60° の入射角で進行しています。このとき，水深 6.0 m での波向と波高を計算してください。ただし，周囲一帯の海底勾配は一様とします。

引用・参考文献

1) 堀川清司 編,砂村継夫 著:海岸環境工学―海岸過程の理論・観測・予測方法―, pp.130～146, 東京大学出版会 (1985)
2) 岩垣雄一:最新 海岸工学, p.45, 森北出版 (1987)
3) M. S. Longuet-Higgins, R. W. Stewart: "Radiation Stresses in Water Waves: A Physical Discussions with Applications", *Deep-Sea Research*, Vol. 11, pp.529-562 (1964)
4) 川崎浩司:沿岸域工学(土木・環境系コアテキストシリーズ D-4),コロナ社 (2013)
5) 合田良實:海岸・港湾(二訂版)(わかり易い土木講座 17),彰国社 (1998)
6) 服部昌太郎:海岸工学(土木系 大学講義シリーズ 13),コロナ社 (1987)

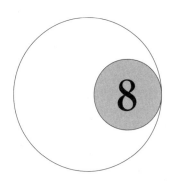

8 模型実験と相似則

　模型を使って物理実験を行うことは，水理学においてもよく行われます．このとき相似則を用いると，どのような模型を作れば実際と相似な水理現象が生じるかの目安を得ることができます．

8.1 水理模型実験

　近年，コンピュータの格段の性能向上や価格の低下のため，水理学的な検討においてもコンピュータによる数値解析が主流になってきています．一方，大きなものでは東京湾全体，小さなものでは堰や堤防といった水理施設を適当な縮尺で縮小した模型を水路の中に設置して，水流や波を作用させる実験のことを**水理模型実験**（hydraulic model experiment）と呼びます（**図 8.1**）．実験を行うためには人件費，材料費，水道光熱費のほかに施設やその維持のために多くの費用が生じるため，コンピュータ1台あればできる数値解析のように手軽には実施できない難点があります．しかし，自然界で起こりうる状況を凝縮して観察できる実験の有用性はいまも昔も変わりません．そればかりか，いまでは数値解析の結果を検証する役割や，激甚化する水災害や気候変動問題への応用，サンゴ礁やマングローブなどの生態系と流れの相互干渉の評価など新たな課題も増えており，その重要性は以前にも増しているといえます．

（a）堰からの越流と跳水実験
（早稲田大学）

（b）擬似サンゴ礁上の流れの実験
（東京工業大学）

図 8.1　水理模型実験

8.2 相似則

原型（prototype）と模型（model）との間には，**形状の相似**（geometric similarity），**運動の相似**（kinematic similarity），**力学的な相似**（dynamic similarity）の全部あるいはいくつかが成り立っている必要があります。模型の形状が相似であるとは，原型の寸法に対して，模型の寸法がある一定の縮尺で縮められていることです。運動の相似とは，模型と原型の速度・加速度が一定の縮尺関係を持つことです。最後の力学的な相似は，原型に働いている力が一定の割合で縮められて模型に作用している状態を意味しています。

このうち力学的な相似をどのように担保するかが，水理模型実験で最も頭を悩ますところです。なぜならば，流体の動きを決定するさまざまな力はそれぞれが固有の特性を持つため，すべての力を共通の規則で相似するのが困難なためです。

一般的に水理実験では，**慣性力**（inertial force），**重力**（gravitational force），**粘性力**（viscous force）が主要な力として働きます。おのおの以下のように表すことができます。ここで，L は長さ，U は速度，ρ は密度，g は重力加速度，μ は粘性係数です。このうち，例えば g は地球上では変えることができないため，力学的相似を実現する際に制約となります。

$$\text{慣性力 } F_\mathrm{i} = 質量 \times 加速度 \propto \rho L^3 \frac{U}{(L/U)} \tag{8.1}$$

$$\text{重力 } F_\mathrm{g} = 質量 \times 重力加速度 \propto \rho L^3 g \tag{8.2}$$

$$\text{粘性力 } F_\mu = 粘性係数 \times 速度勾配 \times 面積 \propto \mu \frac{U}{L} L^2 \tag{8.3}$$

相似則には，以下で述べるフルード数とレイノルズ数のほかに，オイラー数（キャビテーションの問題など），マッハ数（飛行機の空力特性），ウェーバー数（表面張力の問題）などの無次元量があります。

8.3 フルード相似則

慣性力，重力，粘性力のうち，模型と原型の間で二つまでは相似することができます。このうち，重力 F_g と慣性力 F_i を取り上げて，この二つの力を同じ縮尺で再現することを**フルード相似則**（Froude similitude）と呼び，模型と原型の比が次式のように一致する条件のことを指します。

$$\frac{慣性力_{模型}}{慣性力_{原型}} = \frac{重力_{模型}}{重力_{原型}} \rightarrow \frac{(F_i)_m}{(F_i)_p} = \frac{(F_g)_m}{(F_g)_p} \quad (8.4)$$

式 (8.4) を書き換えた式 (8.5) より，慣性力と重力の比が模型と原型で同じであるためには，模型と原型でフルード数 Fr が同じである必要があることがわかります。

$$\frac{(F_i)_m}{(F_g)_m} = \frac{(F_i)_p}{(F_g)_p} \rightarrow \frac{\rho L^3 \dfrac{U}{(L/U)}}{\rho L^3 g} = \left(\frac{U^2}{gL}\right) = (Fr)^2 \quad (8.5)$$

模型でも原型でも，地球上の重力場では重力加速度 g は等しく作用します。そのため，例えば代表長さ L を $1/s$ でスケールダウンした場合，同時に U^2 も $1/s$ 倍しないとフルード数が模型と原型で一致しません。原型と模型で同じ材料を使いフルード相似則に従うためには，**表 8.1** のように原型と模型の縮尺比を考える必要があります。

表 8.1　フルード相似による模型縮尺（重力場）

長さ (模型/原型)	その他の物理量の実験値（模型/原型）					
	加速度	時間	速度	質量・体積	密度	圧力
$1/s$	1	$1/s^{1/2}$	$1/s^{1/2}$	$1/s^3$	1	$1/s$

なお，式 (8.5) の代表長さ L として水深 h をとった $Fr = U/\sqrt{gh}$ が水理学で一般的に使われるフルード数です。この場合，$Fr = 1$ が境界となり，現象的にも常流，射流が区別できることになります。船の模型実験では，船の長さを代表長さにとったフルード数を使います。このような場合，$Fr = 1$ は物理的な意味を持ちません。

模型形状は水平と鉛直で同じ比率で縮小するのが理想的ですが，空間スケールが非常に広い場合では現実的ではありません。例えば，水平スケール 10 km の実現象を長さ 10 m の水槽で再現する場合 1 000 分の 1 の縮尺となりますが，鉛直方向も同じ縮尺で水深 10 m の実現象を縮めると，たった 1 cm の深さになってしまいます。そこで，河川流や潮流，津波のように鉛直に比べて水平方向の運動が卓越するような現象では，水平と鉛直で縮尺を変える場合が少なくありません。これを**ひずみ模型**（distorted model）といいます。ひずみ模型を用いる場合には速度や時間などの縮尺が変化しますので，相似則を用いてそれぞれの縮尺を算定する必要があります。

8.4　レイノルズ相似則

幾何学形状が相似であったとしても，原型と模型で流れの状況まで相似しているとはいいきれません（**図 8.2**）。むしろ，異なっているのが普通です。差異を生む理由はいくつかありますが，その一つは粘性の存在です。例えば物体まわりの流れを考えたとき，流体の粘性

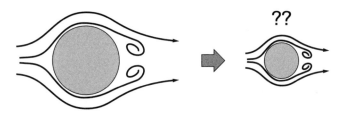

図 8.2 原型と模型での流れの違い（物体の形状が相似でも，まわりの流れまで相似になるとはいいきれない）

は流れの剥離（flow separation）や渦励振（vortex shedding），その背後の乱流（turbulence）の過程に大きな影響を及ぼします。このような粘性が流れを左右するような状況を観察するためには，慣性力と粘性力に注目して，次式のようにレイノルズ数 R_e を模型と原型で同じにする必要があります。

$$\frac{慣性力_{模型}}{慣性力_{原型}}=\frac{粘性力_{模型}}{粘性力_{原型}} \rightarrow \frac{(F_i)_m}{(F_i)_p}=\frac{(F_i)_p}{(F_\mu)_p} \rightarrow \frac{\rho L^3 \dfrac{U}{(L/U)}}{\mu \dfrac{U}{L} L^2}=\frac{\rho UL}{\mu}=\frac{UL}{\nu}=Re \quad (8.6)$$

模型と原型で同じ水を同じ温度条件で使った場合，動粘性係数 ν は同じです。そのため，長さ L を模型で $1/s$ にスケールダウンした場合，流速 U を s 倍にしないと，レイノルズ数が模型と原型で同じになりません。したがって，実験では模型まわりの流れを原型まわりの流れよりも速く設定する必要があります。このような条件では，先のフルード相似則を満足しないことは明らかです。

ただし，世の中には両相似則が関係する水理現象が少なくありません。例えば，橋脚など水の中に設置された円柱の問題は，自由水面に関するフルード相似則の問題であるとともに，乱れに関する**レイノルズ相似則**（Reynolds similitude）の問題でもあります。このような場合は，重力がより重要か（フルード相似則を優先する），粘性力に注目すべきか（レイノルズ相似則を優先する），あるいは両者を少しずつ妥協して全体を最適化すべきか，そのような事前の検討が大切になります。

8.5 次元解析

着目する水理現象をある共通の実験式で表現できるとさまざまな条件に応用できて便利です。実験式の関数形を定めるときに**次元解析**（dimensional analysis）と呼ばれる手順が役に立ちます。例えば，水中を落下する球に作用する抗力 F_D を，物体の落下速度 U，物体の代表面積 A，流体の密度 ρ，流体の粘性係数 μ を組み合わせて次式のように推定できると予想します。

$$F_D \propto \rho^\alpha \mu^\beta A^\gamma U^\delta \tag{8.7}$$

ここで，質量をM，長さをL，時間をTとすると，抗力はMLT^{-2}の次元を持ちます。一方で，密度はML^{-3}，粘性係数は$ML^{-1}T^{-1}$，面積はL^2，速度はLT^{-1}の次元を持つので，式 (8.7) は次式のように両辺で次元が同じである必要があります。ここで，α, β, γ, δは無次元の指数です。

$$[MLT^{-2}] = [ML^{-3}]^\alpha [ML^{-1}T^{-1}]^\beta [L^2]^\gamma [LT^{-1}]^\delta \tag{8.8}$$

両辺が釣り合うためには，$M \to 1 = \alpha + \beta$, $L \to 1 = -3\alpha - \beta + 2\gamma + \delta$, $T \to -2 = -\beta - \delta$になる必要があります。未知数が四つに対して，式が三つなので，指数を具体的に求めることはできませんが，例えばβを使って抗力F_Dを表すと式 (8.9) のようになります。

$$F_D \propto \rho^{1-\beta} \mu^\beta A^{1-\beta/2} U^{2-\beta} \tag{8.9}$$

さらに，無次元係数kを導入し，代表面積Aを球体の直径Dで表すと，式 (8.9) は次式のように変形できます。

$$\frac{F_D}{\rho D^2 U^2} = k \left(\frac{\mu}{\rho D U} \right)^\beta \tag{8.10}$$

この次元解析自体は物理的意味を与えているわけではありませんが，式 (8.10) の左辺は抗力係数，右辺の括弧内はレイノルズ数の逆数に比例した無次元パラメータになっていることがわかります。水中を落下する球が，この二つの無次元量に支配されることは実験的にも明らかになっています。

一般的には，ある物理現象を説明する物理変数がn個で，**基本物理量** (basic physical quantity) がm個ある場合は，次式のように$n-m$個の無次元パラメータからなる関係が存在します。

$$f(\Pi_1, \Pi_2, \Pi_3, \cdots, \Pi_{n-m}) = 0 \tag{8.11}$$

この関係を**バッキンガムのπ定理** (Buckingham's π-theorem) と呼び，実験結果をもとに無次元の実験式を導く際にしばしば利用されます。水中を落下する球の例では，物理変数はF_D, U, A, ρ, μで$n=5$，基本物理量はM, L, Tで$m=3$であるため，確かに2個の無次元パラメータが存在することがわかります。

なお，このようにして求まるフルード数やレイノルズ数などの無次元数は，単位に依存しません。例えば，フルード数はメートル単位でも，センチ単位でも同じ値になるので，先に述べた$Fr=1$のような値が次元によらず一般性を持つのです。

演 習 問 題

- 【8.1】 模型に遠心力を加える実験を遠心模型実験と呼びます。原型サイズ $1/N$ の模型に重力加速度の N 倍の加速度を作用させるとき，速度および時間の縮尺はどのようになりますか。
- 【8.2】 現地で波高 5 m，周期 12 s の波浪に対して，寸法縮尺が 1/25 の実験における波高，周期を求めてください。
- 【8.3】 原型よりも大きいサイズの模型を作ることもあります。そのような例の一つは，微粒子まわりの流れの問題です。直径 0.2 mm の粒子の周囲に 2 cm/s の水の流れが作用する状況を直径 1 cm の模型で再現するとき，流速はどのように設定すればよいか考えてください。

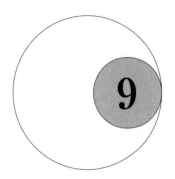

9 水理学の応用

　水理学は水利施設や海岸施設など，水に関係する構造物の設計や建設に必要不可欠な知識です。これに加えて，近年では災害の激化や地球温暖化，気候変動，環境汚染など人類が抱える重大な課題を背景に，特に防災・環境分野での応用場面が広がっています。本章ではこれらの事項について解説します。

9.1　災害への対応

9.1.1　河川洪水

　水理学は近代になって大きく発展してきました。その理由の一つは，山間や河川流域，沿岸域，デルタなど水に接した地域に人々がさらに多く移り住むようになり，水災害から地域を守るために昔から経験的に行われてきた治水をさらに発展させる必要があったからです。山奥で降った雨は川に集まり，河道を流れて，最終的に海や湖に出ていきます。第6章で解説したように，流量が一定で，かつ水路の断面や勾配が一様で重力による流れと壁面に作用する摩擦力が釣り合っている状態，すなわち等流では川の水深はどこでも同じです。ところが，実際の川の流れは一様ではないので，上流から下流の各地域での水位変化を予測し，想定される洪水に対して十分な**堤防の高さ**（height of dike）を設定する必要があります。

　図9.1は平成で最も甚大な豪雨災害をもたらした2018年7月西日本豪雨時の岡山県・高

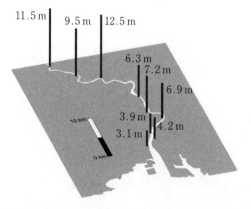

図9.1　2018年7月西日本豪雨における高梁川の水位上昇量[1]

梁川の水位の高さを示しています。上流では10m以上の水位上昇ですが，中流では6，7mに，さらに下流では3～4m程度に低下していく様子がわかります。これには河川形状や川幅，水深，勾配，川底・川岸や海の潮位の条件などが複雑に関係しています。

ベルヌイの定理を流れの方向であるxで一階微分すると，式 (9.1) を得ます。

$$\frac{d}{dx}(z+h)+\frac{d}{dx}\left(\frac{v^2}{2g}\right)+\frac{dh_l}{dx}=-i_0+\frac{dh}{dx}+\frac{d}{dx}\left(\frac{v^2}{2g}\right)+\frac{dh_l}{dx}=0 \tag{9.1}$$

ここに，v は流速，z は基準から水路床までの高さ，h は水深，h_l は損失水頭，i_0 は水路勾配です。

この方程式に，連続式 $Q=Av$ を考慮して，損失水頭をダルシー・ワイスバッハの式（式 (6.7) 参照）で表すと，つぎの不等流の基本方程式が得られます。

$$-i_0+\frac{dh}{dx}+\frac{1}{2g}\frac{d}{dx}\left(\frac{Q}{A}\right)^2+\frac{f'}{2g}\frac{1}{R}\left(\frac{Q}{A}\right)^2=0 \tag{9.2}$$

河川を幅広の長方形断面で近似できる場合，径深 R は水深 h になります（式 (6.3) 参照）。さらに，底面の摩擦損失係数 f' をマニングの粗度係数 n で表すと，$f'=2gn^2/R^{1/3}$（式 (6.12) 参照）であるため

$$-i_0+\frac{dh}{dx}+\frac{1}{2g}\frac{d}{dx}\left(\frac{Q}{A}\right)^2+\frac{n^2}{h^{4/3}}\left(\frac{Q}{A}\right)^2=0 \tag{9.3}$$

この解を求めるためには水深について境界条件が一つ必要です。流れが常流ならば下流端で，射流ならば上流端で与えます。

式 (9.2) や式 (9.3) は，ある流量に対して重力と底面摩擦力が釣り合うときの水面形を表します。ただし，時間 t に関する項が含まれていない定流（定常）計算なので，川の水位の時間的な変化はわかりません。このためには，時間項を含む以下の偏微分方程式を解く必要があります。この方程式は，不定流（非定常流）における方程式です。

$$-i_0+i_f+\frac{\partial}{\partial x}\left(h+\frac{1}{2g}\left(\frac{Q}{A}\right)^2\right)+\frac{1}{g}\frac{\partial}{\partial t}\left(\frac{Q}{A}\right)=0 \tag{9.4}$$

i_f は摩擦損失勾配で，式 (9.3) の左辺第4項のことです。この式は，サンブナン方程式 (Saint-Venant equation) と呼ばれたり，**洪水追跡** (flood routing) の問題ではダイナミックウェーブ (dynamic wave) モデルと呼ばれることもあります。洪水波が上流から下流に形を変えて伝播する状況を解くための方程式です。

一方，式 (9.4) より左辺第3，第4項を省いて，単純に水路勾配と摩擦勾配が釣り合う ($i_0=i_f$) と考えることもできます。単位幅流量を q とすると，マニングの平均流速公式より，式 (9.5) の関係が成り立ちます。

$$q=vh=\frac{1}{n}h^{5/3}i_f^{1/2}=\frac{1}{n}h^{5/3}i_0^{1/2} \tag{9.5}$$

この式と水路への流入量 r を考慮したつぎの連続式を組み合わせることで，実質的には基礎方程式（運動方程式）を解かずに流れを追跡することができます．

$$\frac{\partial h}{\partial t} + \frac{\partial q}{\partial x} = r \tag{9.6}$$

このように簡略化したモデルを河川工学や水文学ではキネマティックウェーブ（kinematic wave）モデルと呼びます．この場合，重力と摩擦の釣合いのみを考えているので，洪水波は上流から下流に一方向に伝わり，下流の水位変化は上流には影響しません．河床勾配が急な地形を対象としているので，降雨が山の斜面から河川へ流れ出るような状況に適したモデルといえます．反対に，潮汐の影響が強く表れるような平坦な河川には適しません．

9.1.2 津　　　波

津波（$tsunami$）は，地震や地滑りによって地盤が隆起あるいは沈降し，その周囲の海水が強制的に変位し，波として伝わる現象です．通常海底地盤の変形は瞬間的に発生すると考えて，海水もその変形量と同じ体積だけ動くと考えます．したがって，海水の初期変位は地盤の動きによってまちまちで，さまざまな周期成分を持つ波として多方向へ伝わることになります．

このように津波の発生は本質的に複雑な現象ですが，構成する波は周期の長い，いわゆる長波が大部分を占めます．長波とは水深に対して波長が長い波のことで，目安として波長が水深の20倍以上の波のことを指します（7.1.3項〔2〕参照）．例えば，水深1 000 mであれば，波長20 km以上の波の場合，長波とみなすことができます．このように非常に長い波のため，水平方向の運動が鉛直方向の運動に比べて圧倒的に大きいことは容易に理解できます．このため，鉛直方向の運動は無視して，水平方向の流れを断面平均を用いて表すことで，流れの基礎方程式を簡略化することができます．

ここで，乱流を含む流体運動の基礎方程式は，第5章で説明したようにナビエ・ストークスの方程式と連続式で表すことができます．図9.2 に示すように津波の高さを η，海底の深

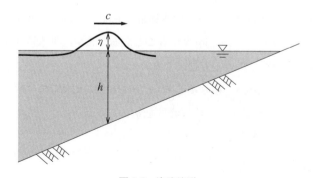

図9.2　津波波形

さを h として，三次元の連続式を水底 $-h$ から水面 η まで z 方向に積分すると，式 (9.7) のように二次元の形式になります．

$$\int_{-h}^{\eta} \frac{\partial u}{\partial x} dz + \int_{-h}^{\eta} \frac{\partial v}{\partial y} dz + \int_{-h}^{\eta} \frac{\partial w}{\partial z} dz$$

$$= \int_{-h}^{\eta} \frac{\partial u}{\partial x} dz + \int_{-h}^{\eta} \frac{\partial v}{\partial y} dz + w(\eta) - w(-h) = 0 \tag{9.7}$$

さらに，全水深 $D = \eta + h$ を使用して，断面平均流速を式 (9.8)，(9.9) のように定義します．

$$\bar{u} = \frac{1}{D} \int_{-h}^{\eta} u \, dz \tag{9.8}$$

$$\bar{v} = \frac{1}{D} \int_{-h}^{\eta} v \, dz \tag{9.9}$$

式 (9.7) にライプニッツの積分則 (Leibniz integral rule) を当てはめると，次式になります．

$$\frac{\partial}{\partial x} \bar{u}(\eta + h) - u\bigg|_{\eta} \frac{\partial \eta}{\partial x} + u\bigg|_{-h} \frac{\partial(-h)}{\partial x} + \frac{\partial}{\partial y} \bar{v}(\eta + h)$$

$$- v\bigg|_{\eta} \frac{\partial \eta}{\partial y} + v\bigg|_{-h} \frac{\partial(-h)}{\partial y} + w(\eta) - w(-h) = 0 \tag{9.10}$$

ここで，水粒子が水面から飛び出さないという水面での境界条件と，水粒子は底に平行に動くという水底での境界条件は，おのおの式 (9.11)，(9.12) で表すことができます．

$$w(\eta) = \frac{\partial \eta}{\partial t} + u\bigg|_{\eta} \frac{\partial \eta}{\partial x} + v\bigg|_{\eta} \frac{\partial \eta}{\partial y} \tag{9.11}$$

$$w(-h) = u\bigg|_{-h} \frac{\partial(-h)}{\partial x} + v\bigg|_{-h} \frac{\partial(-h)}{\partial y} \tag{9.12}$$

以上より断面平均流に関する連続式が次式のように求まります．

$$\frac{\partial \eta}{\partial t} + \frac{\partial}{\partial x} \bar{u}D + \frac{\partial}{\partial y} \bar{v}D = 0 \tag{9.13}$$

同様に運動方程式についても鉛直方向に積分して，平均流による式に改めます．式 (9.14) は x 方向の運動方程式の展開結果です．

$$\int_{-h}^{\eta} \left[\frac{\partial u}{\partial t} + u \frac{\partial u}{\partial x} + v \frac{\partial u}{\partial y} + w \frac{\partial u}{\partial z} + \frac{1}{\rho} \frac{\partial p}{\partial x} - \nu \left(\frac{\partial^2 u}{\partial x^2} + \frac{\partial^2 u}{\partial y^2} + \frac{\partial^2 u}{\partial z^2} \right) \right] dz = 0 \tag{9.14}$$

水圧として静水圧を仮定し，ライプニッツの積分則で式を変形すると，次式を得ます．

$$\frac{\partial \bar{u}D}{\partial t} + \frac{\partial}{\partial x} \int_{-h}^{\eta} u^2 dz + \frac{\partial}{\partial y} \int_{-h}^{\eta} uv \, dz + g \frac{\partial \eta D}{\partial x}$$

$$- \nu \int_{-h}^{\eta} \left[\left(\frac{\partial^2 u}{\partial x^2} + \frac{\partial^2 u}{\partial y^2} + \frac{\partial^2 u}{\partial z^2} \right) \right] dz = 0 \tag{9.15}$$

ここで，左辺第2，第3の積分項はおのおの $D\bar{u}^2$，$D\bar{u}\bar{v}$ と平均流を使って近似できると考えます．また，第5項の拡散項は水平方向と鉛直方向に分けて，次式のように表現できます．

$$\nu \int_{-h}^{\eta} \left[\left(\frac{\partial^2 u}{\partial x^2} + \frac{\partial^2 u}{\partial y^2} + \frac{\partial^2 u}{\partial z^2} \right) \right] dz = \nu_h D \left(\frac{\partial^2 \bar{u}}{\partial x^2} + \frac{\partial^2 \bar{u}}{\partial y^2} \right) + \frac{1}{\rho} (\tau_{sx} - \tau_{bx}) \qquad (9.16)$$

ここに，ν_h は水平渦動粘性係数，τ_{sx}，τ_{bx} は x 方向の水面せん断応力，底面せん断応力です．x 方向と y 方向の流量をおのおの $M = D\bar{u}$，$N = D\bar{v}$ と定義すると，断面平均流に関する x 方向の運動方程式が次式のように求まります．

$$\frac{\partial M}{\partial t} + \frac{\partial}{\partial x}\left(\frac{M^2}{D}\right) + \frac{\partial}{\partial y}\left(\frac{MN}{D}\right) = -gD\frac{\partial \eta}{\partial x} + \nu_h \left(\frac{\partial^2 M}{\partial x^2} + \frac{\partial^2 M}{\partial y^2} \right) + \frac{1}{\rho}(\tau_{sx} - \tau_{bx}) \qquad (9.17)$$

同様に，y 方向の運動方程式は式 (9.18) になります．

$$\frac{\partial N}{\partial t} + \frac{\partial}{\partial x}\left(\frac{MN}{D}\right) + \frac{\partial}{\partial y}\left(\frac{N^2}{D}\right) = -gD\frac{\partial \eta}{\partial y} + \nu_h \left(\frac{\partial^2 N}{\partial x^2} + \frac{\partial^2 N}{\partial y^2} \right) + \frac{1}{\rho}(\tau_{sy} - \tau_{by}) \qquad (9.18)$$

これらの方程式は，津波の解析では非線形長波方程式や浅水長波方程式と呼ばれています．ただし，一般的に未知数である水位と流量を求めるためには，数値的に解析する必要があります．

一方，一次元問題で拡散を考えない場合，運動方程式と連続式はそれぞれ式 (9.19)，(9.20) のように簡略化できます．なお，式 (9.19) は式 (9.4) のサンブナン方程式と同形の式になっています．

$$\frac{\partial M}{\partial t} + \frac{\partial}{\partial x}\left(\frac{M^2}{D}\right) = -gD\frac{\partial \eta}{\partial x} + \frac{1}{\rho}(\tau_s - \tau_b) \qquad (9.19)$$

$$\frac{\partial \eta}{\partial t} + \frac{\partial M}{\partial x} = 0 \qquad (9.20)$$

さらに，流量の2乗は無視できるほど小さいと考えて，水平および底面せん断応力も無視します．このように方程式を線形化することで，式 (9.19)，(9.20) を次式のようにまとめることができます．

$$\frac{\partial^2 \eta}{\partial t^2} - gD\frac{\partial^2 \eta}{\partial x^2} = 0 \qquad (9.21)$$

この方程式は，物理学でしばしば現れる波動方程式と同じ形をしており，波形を保ったまま，正および負の方向に以下の波速 $c = \sqrt{gD}$ で進む現象を表します．水深が十分に深い場所では，$D = h$ で近似できるため，長波の速度 c は次式のように水深のみで決定することになります．

$$c = \sqrt{gh} \qquad (9.22)$$

つぎに水深の違いによる津波の高さの違いを考えます．波のエネルギーは位置エネルギーと運動エネルギーの和で表されますが，その全エネルギー E は次式で計算できます．

$$E = \frac{1}{2}\rho g\eta^2 \tag{9.23}$$

このエネルギーが波速 c で運ばれると考えると，その積はエネルギーフラックス F となります．

$$F = \frac{1}{2}\rho g\eta^2 \sqrt{gh} \tag{9.24}$$

摩擦などの損失を無視すると，水深 h_d の深海から h_s の浅海までエネルギーフラックスは変化しません．また，地形が変化して奥行幅 b が異なる場合は，$F \times b$ が保存されます．したがって，浅海での津波高 η_s は，深海での津波高 η_d より，次式で求めることができます．

$$\eta_s = \eta_d \left(\frac{h_d}{h_s}\right)^{\frac{1}{4}} \left(\frac{b_d}{b_s}\right)^{\frac{1}{2}} \tag{9.25}$$

ここで，b_d は深海，b_s は浅海における奥行幅です．この式は**グリーンの法則**（Green's law）と呼ばれており，沿岸域での津波の高さを予測する簡易式として利用されています．例えば，気象庁の場合，グリーンの法則で水深 1 m における津波高を求めて，これを沿岸での予測値としています．図 9.3 が示すように，深海で発生した津波の高さは，岸に近づくと 3 倍以上に増幅します．このように津波の高さは水深が浅くなると急激に増加していくことがわかります．図 9.4 は東日本大震災のときに発生した津波の高さの分布を示しています．津波は特に岩手県や宮城県の北部で顕著に高いことがわかります．地震の震源が近いということもありますが，この一帯にリアス海岸が続いていることが大きく関係しています．湾の入り口に比べて湾奥の幅が狭くなっていくと，グリーンの法則が示すように水位が増幅します．さらに，津波の周期が湾の長さ l，水深 h より決まる以下の湾の固有周期 T に近いと，共振のために津波が高くなります．

$$T = \frac{4l}{\sqrt{gh}} \tag{9.26}$$

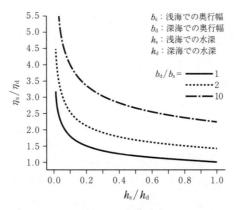

図 9.3 津波高増幅率

138   9. 水理学の応用

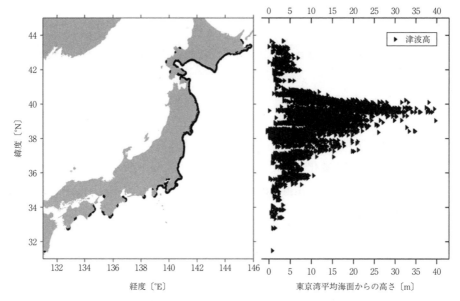

図 9.4 東日本大震災のときの津波高（三角印）。ただし，東京湾平均海面（T.P.）を基準にしたときの値
（東北地方太平洋沖地震津波合同調査グループによる調査結果をもとに作成）

このように，地形的特徴によって津波がどのくらい増幅するか，おおまかに検討することができます。ただし，海岸の地形や海底の起伏を詳しく考慮して，精度良く各海岸における津波の高さや到達時間を予測するためには，先に述べたように数値解析を行う必要があります。津波のハザードマップは，想定されるいくつかの地震のシナリオに対して，数値解析を駆使して各地域の浸水深を予測したもので，水理学の発展が一般の人にもわかりやすい形で社会に還元された成果といえます。

9.1.3 高　　　潮

　台風などの気象の変化が引き起こす海水位の上昇のことを**高潮**（storm surge）と呼びます。海水位はつねに変動しており，高潮自体は珍しい現象ではないのですが，台風がもたらす激甚な高潮は過去に多くの人命を奪ってきました。高潮も周期の長い波が伝播する現象と考えることができるので，津波と同じく式 (9.17)，(9.18) の浅水長波方程式を適用することができます。ただし，波が伝わるメカニズムは異なります。津波が地震発生後，基本的に自由な波として四方八方へ伝わるのに対して，高潮は台風の移動にともない発生域も刻一刻と変化していきます。このため，高潮は自由な波として伝わる特徴を持ちながらも，水面が拘束されながら移動する波の特徴を併せ持っています。

　高潮には大きく二つの発生メカニズムがあります。一つ目は，**吸上げ効果**（pressure-driven surge）と呼ばれ，台風がもたらす低気圧が標準の海面気圧より 1 hPa 下がるごとに，

約1cm海面が持ち上がる現象のことです。二つ目は，**吹寄せ効果**（wind-driven surge）と呼ばれるメカニズムで，水位上昇は風速の2乗に比例するため，強い台風になるほどこの効果が大きくなってきます。

台風の内部では海面の湿った空気が上昇気流で上空に運ばれています。その空気が冷えて凝結が起こり，凝結熱が発生することで台風にエネルギーが供給されてさらに発達していきます。台風の内部構造は立体的で非常に複雑ですが，高潮の予測自体は海水面上の風速と大気圧が精度よく求まれば，比較的精度良く予測することができます。気象予報や防災の実務では，各種観測に基づいてパラメータで台風の特徴を表すパラメトリック・モデルあるいは経験的モデルが簡単であるためよく使われています。日本では，Schloemerモデル[2]あるいはMyersモデルと呼ばれる，次式で表される簡易式がよく使われてきました。

$$p(r) = p_0 + \Delta p \cdot \exp\left(-\frac{r_m}{r}\right) \tag{9.27}$$

ここに，$p(r)$は台風中心からrの距離における気圧，p_0は台風の中心気圧，Δpは気圧低下量を示します。r_mは最大風速半径で，台風中心から風速が最大になる点の距離を指します。最大風速半径は理論的に求まらず，ばらつきも大きいことがわかっていますが，さまざまな観測値に基づいて間接的な推定が行われます。

台風内の気圧傾度力，コリオリ力，遠心力が釣り合う場合，すなわち傾度風を考えると，式 (9.27) を使って次式で風速wを求めることができます。

$$w = \frac{fr}{2}\left(-1 + \sqrt{1 + \frac{4}{\rho_a f^2 r}\frac{\partial p(r)}{\partial r}}\right) \tag{9.28}$$

fはコリオリ係数（$=2\Omega \sin\phi$，Ω：地球の角速度，ϕ：緯度），ρ_aは空気の密度（温度20℃で1.205 kg·m^{-3}）です。風向きは，北半球では半時計回り，南半球では時計回りです。**図9.5**はこのような方法で求めた台風モデルの例です。

コラム7：海岸防災・地域の防災と水理学

近年の地球温暖化で海面上昇，台風の強大化などが予想されています。また，東日本大震災での津波災害を受け，南海トラフ地震による津波の危険性が注目されており，地域の防災を考える際に，海岸防災がますます重要となってきています。海岸防災を考える際には，波の水理にかかわる知識だけでなく，漂砂や潮流など海岸侵食にかかわることなどの知識も必要になってきます。

この教科書を利用している学生の多くは土木工学を専攻している皆さんだと思います。土木工学を専門とする皆さんの進路の一つに公務員がありますが，土木工学をバックグラウンドとする技術系公務員になった場合には地域の防災にかかわる仕事につくことも多いはずです。公務員として沿岸地域の防災を考え，防災対策を住民にわかりやすく説明をする際にも，波の水理や海岸工学の基礎知識が役に立つことが明らかであることはいうまでもありません。

9. 水理学の応用

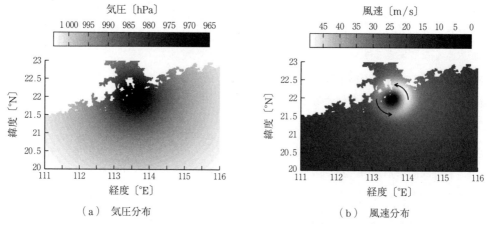

(a) 気圧分布   (b) 風速分布

図9.5 パラメトリック台風の計算例（2017年台風HATOが中国南部の
香港・マカオ近くに上陸したときの予想結果）

コラム8 : 高潮の常識を変えた台風ハイヤン

2013年11月にフィリピンを襲った台風**ハイヤン**（Haiyan）は，北西太平洋で発生した史上最強の台風です。調査で明らかになった高潮の最大高さは6m以上に達しています（図）。このように高潮の高さが尋常でなかったこと以外に，常識外の事象がこの台風ではいくつも確認されています。例えば，これまで高潮は比較的じわじわと海水が上がっていく現象と認識されていました。ところが台風ハイヤンでは急激な水位上昇が各地で発生しており，状況を目撃した地元の人たちは津波のようだったと表現しています。サンゴ礁上で急激に発達したサーフビートと呼ばれる長周期の波浪成分の影響や，速い速度で進行した台風がもたらした風向きの急変と海水の強制運動などがその原因として考えられています。

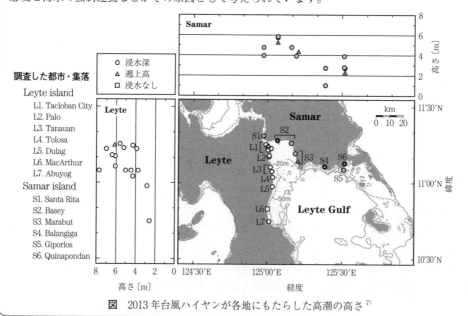

図 2013年台風ハイヤンが各地にもたらした高潮の高さ[7]

一方で風の応力は次式で表すことができます。

$$\tau_s = \rho_a C_D w^2 \tag{9.29}$$

C_D は水面摩擦係数で，これまで数多くの観測的，理論的な値が示されています。台風風速が大きくなるにつれて C_D は大きくなりますが，ある風速以上になると低下していくと考えられています。数値解析によって高潮計算を行う場合，この式を式 (9.17)，(9.18) の二次元の運動方程式の水面せん断応力として与えます。

陸上を遡上するような大きな高潮でない限り，高潮は海岸に達すると，砂丘や堤防，護岸などで進行が妨げられます。この状況では，風による水面せん断応力と水面勾配が釣り合い，流れのない定常状態になるので，式 (9.19) の一次元の運動方程式を式 (9.30) のように簡略化できます。

$$\frac{\partial \eta}{\partial x} = \frac{\tau_s}{\rho g D} \tag{9.30}$$

ここで，陸に向かって風が吹いているとき，水面せん断応力が正とします。この場合，水深が深い場所では高潮の水位 η はゼロで，水深が浅くなるほど水位は高くなっていきます。また，湾の水深が一定で水位が水深より十分に小さいとき，湾の奥行が X の場合は，上式を積分すると，湾奥での吹寄せの効果による高潮水位が次式のように求まります。

$$\eta = \frac{\tau_s}{\rho g h} X \tag{9.31}$$

9.2 環境問題への対応

9.2.1 海面上昇

18 世紀中頃に起こった産業革命以来，大気中の二酸化炭素濃度は増加し続けています。このため大気による放射強制力（radiative forcing）が大きくなり，気候システムがより多くのエネルギーを吸収できる状態になっています（正の放射強制力）。これが近年の地球温暖化の主要因と考えられています。温暖化はさまざまな気候・環境変化を引き起こしますが，その中でも **海面上昇**（sea-level rise）は科学的にも確信度が高い事象と考えられています。海面上昇につながるさまざまな要因のうち，海水の熱膨張や氷河，氷床の溶出が最も影響を及ぼすと考えられています（**表 9.1**）。

20 世紀後半より人工衛星に積んだレーダ高度計（radar altimeter）で海面変動が高精度で計測されるようになってきています（**図 9.6**）。その結果，地球全体（全球）の平均海面（global mean sea level）は年間 3 mm 程度上昇していることがわかり，今世紀後半にかけてさらに上昇速度が速まると予測されています。

表9.1 全球平均海水面の上昇量（1993-2010）とその要因[3]

要因	全球平均海水面の上昇量〔mm／年〕 〔5－95% 信頼区間〕
海水熱膨張	1.1 [0.8 − 1.4]
氷河融解（グリーンランド，南極以外）	0.76 [0.39 − 1.13]
氷河融解（グリーンランド）	0.10 [0.07 − 0.13]
氷床融解（グリーンランド）	0.33 [0.25 − 0.41]
氷床融解（南極）	0.27 [0.16 − 0.38]
陸水貯留量変化	0.38 [0.26 − 0.49]
観測値	3.2 [2.8 − 3.6]

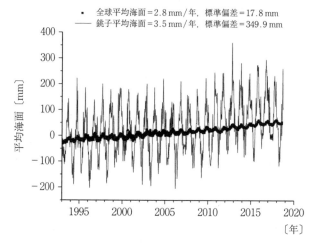

図9.6 千葉県・銚子の海水面変化（データ引用：NOAAおよび気象庁）

ただし，世界の海域ごとに海面上昇の変化速度は異なります。例えば，日本を含む西太平洋では全球平均より水位の増加速度が全般的に速く，反対に東太平洋では遅いことが確認されています。全球レベルでは平均化によって除去されてしまうような細かい海面変動であっても，地域レベルでは表面化します（図9.6）。この地域レベルの変動の中には，グローバルな気候変動だけでなく，陸域からの淡水流入，海水の温度や密度変化，エルニーニョ現象（El Niño）など数週間から数年といった比較的短期間の変動も含まれています。また，海流の影響も無視できません。例えば，日本の太平洋岸では黒潮が海面の高さに影響を及ぼし，流れの向きに対して右側が左側より高く，その差は約1mにも及びます。このように，強い海流は海洋環境に特に大きな影響を及ぼすため，その流路や流量の監視がつねに行われています[4]。

9.2.2 密度流，塩水遡上

淡水と海水がぶつかり合う河口域のような場所では，海水の比重が1.02から1.04程度と

淡水よりも少し重いため，海水が淡水の下に潜り込む形で合流します．特に，両者の混合が緩やかな弱混合状態のときには海水が底層付近で河川の上流側へ伸びて，**塩水くさび**（saltwater wedge）という塩分濃度が高い層を形成します．潮汐振幅が小さい場所で現れやすい現象と考えられています．一方で，潮流が強い河口域では淡水と海水が上下に混合し，深さ方向の塩分濃度が比較的一様な強混合型の感潮域を形成します（**図9.7**）．

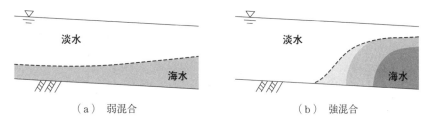

(a) 弱混合　　　　　　　　　　(b) 強混合

図9.7 海水と淡水の混合の模式図

混合の程度を示す指標としては，次式で示す密度流の力学的安定度を示す**リチャードソン数**（Richardson number）があります．密度勾配と速度勾配の比の形ですが，物理的には分子は浮力がもたらす安定度，分母は攪拌の強さを意味しています．

$$Ri = g\frac{\partial \rho}{\partial z} \bigg/ \rho\left(\frac{\partial u}{\partial z}\right)^2 \tag{9.32}$$

コラム9：感潮域の水理

　日本は一般的に勾配が急な河川が多く，潮汐の影響は下流側の比較的限られた範囲以外では，その影響が急激に小さくなっていきます．ところが海外ではそのような常識が通用しない河川も多いので注意が必要です．例えば，ベトナムの南端に広がるメコンデルタでは，河口から190 kmも離れたカンボジアとの国境に近い場所の水位にも潮汐の影響がはっきりと表れます．また，河口から80 kmほど上流に位置するメコン最大の都市カントー市では，河川流よりも潮汐の影響が大きく，それにより満潮時にしばしば洪水が発生します（**図**）．このようなデルタを流れる河川は，そもそも勾配が定義できないほどフラットな河床であることが多く，陸側が上流で，海側が下流という常識から少し離れて，流れを考える必要がありそうです．

図 メコンデルタにおける降雨と潮汐が影響した季節的な洪水

ここで，g は重力加速度，ρ は密度，u は流速です。リチャードソン数が小さいほど，流れの層は不安定になり混合が進みやすくなります。

海面上昇が進行することで，今後懸念される重大な影響の一つが塩水遡上の問題です。例えば，世界有数の米の産地であるメコンデルタでは，すでに170万ヘクタールの農地が塩害を受けているといわれています。2005年の時点で河口より 40 km の位置で塩分濃度が確認されていますが，1 m の海面上昇でさらに 30 km ほど塩水が遡上すると予測されており，農作物への深刻な影響が懸念されています[5]。

9.2.3 地 下 水

地下を流れる流体は，地下水のくみ上げ，山肌に浸透する雨水，土壌汚染，石油の採掘，廃棄物埋立護岸の遮水など，多くの環境問題と密接に関係しています。水理学では完全流体を仮定できる問題が少なくないのですが，地下水流れは多孔質体（porous medium）からなる**透水層**（pervious layer）の流れで本質的に損失を無視することができません。このような現象をミクロに見ると粘性流や分子流の問題となり，そこには熱力学や複雑な乱流が関係して難しい問題になります。

これに対して，マクロに見ると透水層を通過する流量には以下の三つのシンプルな関係が成り立つことがわかっています。フランスの技術者ダルシー（Darcy, 1803-1858）が**図 9.8** のような装置を使った実験で明らかにしました。

（1） 流量は水頭差 $\Delta h = h_1 - h_2$ に比例する
（2） 流量は透水断面積 A に比例する
（3） 流量は透水長さ L に逆比例する

以上の関係より，土中を水が一方向に一様に流れる場合の式 (9.33) の**ダルシー則**（Darcy's

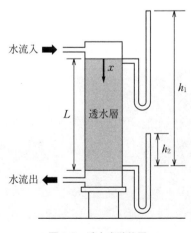

図 9.8　透水実験装置

law) が導かれます．

$$Q = -kA\frac{dh}{dx} \tag{9.33}$$

ここで，h はある位置における全水頭で，$\Delta h/L = -dh/dx$ の関係になります．k は**透水係数**（hydraulic conductivity）で土質に応じて**表 9.2**のような実験値が示されています．なお，式 (9.33) の両辺を断面積 A で割れば平均流速 $\bar{u}$ が求まります．

$$\bar{u} = -k\frac{dh}{dx} \tag{9.34}$$

ただし，実際には全断面積を流れるわけではなく，土中の間隙を流れるため，真の流速は $\bar{u}$ よりも速いことに注意が必要です．

表 9.2 一般的な土質と透水係数[6]

透水係数 k [m/s]	10^{-11}	10^{-9}	10^{-7}	10^{-5}	10^{-3}	10^{-1}
透水性	実質性不透水	非常に低い	低い	中位	高い	
対応する土の種類	粘性土	微細砂，シルト，砂-シルト-粘土混合土		砂および礫		清浄な礫

なお，ダルシー則は流れが層流において成り立つ関係で，レイノルズ数が大きくなると動水勾配 $i = -dh/dx$ は式 (9.35) に従うことがわかっています．この式は，ダルシー・フォーチハイマー則（Darcy-Forchheimer law）と呼ばれたり，ダルシー則との対比で非ダルシー則と呼ばれたりします．

$$i = a\bar{u} + b\bar{u}^2 \tag{9.35}$$

ここで，a，b は実験から求まる係数です．

透水層内の二次元流れの場合は，式 (9.36) の連続式を考えます．

$$\frac{\partial \bar{u}}{\partial x} + \frac{\partial \bar{w}}{\partial z} = 0 \tag{9.36}$$

透水係数はどちらの方向にも一定と考えて，ダルシー則を使うと式 (9.37) のように変形できます．

$$\frac{\partial^2 h}{\partial x^2} + \frac{\partial^2 h}{\partial z^2} = 0 \tag{9.37}$$

これが二次元透水の基礎方程式で，全水頭 h の空間分布を規定する方程式です．これは第 4 章の式 (4.16) と同じ形で，ラプラスの方程式になっています．よって境界条件を与えることで，その内部の状態を求めることができます．

特異点を除き，等ポテンシャル線と流線はたがいに直交します．このため，複素関数の知識を応用して，等ポテンシャル線と流線の関係を求める方法がありますが，楕円関数など初等関数以外の数式が現れるため，実用上は有限要素法などの数値解析やフローネット（flow net）法などがよく使われます。

フローネット法とは経験的に予想して，流線網を試行錯誤的に描く簡易的な方法で，

（1） 等ポテンシャル線と流線を直交させる

（2） 等ポテンシャル線と流線で囲まれる面を正方形に近くする

というルールのもと，大まかに線を描いていきます。流路の数は5前後で十分と考えられています。流線は時間的に変動せず，隣り合う流路間で水の移動はないと考えます。また，地盤が均質（homogenous）で等方的（isotropic）と仮定します。このような簡素化で，水頭分布や流量，流速，損失勾配などを簡単に求めることができます。

図9.9は，矢板の周囲の正方形フローネットの一例です。式（9.33）をもとに一つの流路を流れる水の単位奥行幅当りの流量（単位流量）Δqを考えると，次式のように流路の長さに関する変数がなくなります。

$$\Delta q = -k\Delta L \frac{\Delta h}{\Delta L} = -k\Delta h \tag{9.38}$$

ここで，全体の損失水頭は$h_1 - h_2$であるので，隣り合う等ポテンシャル線間の損失Δhは，仕切り数（等ポテンシャル線の数−1）をN_dとすると，次式で表すことができます。

$$-\Delta h = \frac{h_1 - h_2}{N_d} \tag{9.39}$$

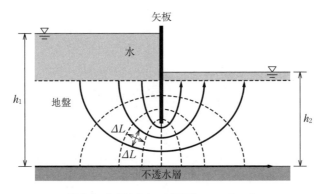

図9.9 矢板まわりの正方形フローネット

よって，矢板下を流れる全体の単位流量qは流路の数N_fを掛けて，式（9.40）のように求まります。

$$q = N_f \Delta q = k(h_1 - h_2)\frac{N_f}{N_d} \tag{9.40}$$

9.2.4 水　　質

生活環境を守るための水質基準としては，水素イオン濃度（pH：hydrogen power），化学

的酸素要求量（COD：chemical oxygen demand），生物化学的酸素要求量（BOD：biochemical oxygen demand），浮遊物質量（SS：suspended solids），溶存酸素量（DO：dissolved oxygen）などがあります。このうち，浮遊物質とは，水中で浮遊あるいは懸濁している不溶解性物質のことで，粘土鉱物に由来する微粒子や，動植物プランクトンとその死骸，下水，工場排水等に由来する有機物や金属の沈殿物等などがあります。このような懸濁物質の動態は化学的反応も関係し複雑ですが，水理学的には移流，拡散などの作用を受けて発生源から移動し，やがて沈降していく粒子を追跡する過程になります。移流と拡散による粒子の動きは濃度 f を以下の**移流拡散方程式**（advection and diffusion equation）を解くことで求まります。ただし下記は，x 方向に一次元的に移流，拡散する場合の式です。

$$\frac{\partial f}{\partial t} + c\frac{\partial f}{\partial x} - \alpha\frac{\partial^2 f}{\partial x^2} = 0 \tag{9.41}$$

ここで，c は移流速度，α は拡散係数です。解を求めるためには，境界条件と初期条件が必要になります。式（9.41）の左辺第2項が移流，第3項が拡散を表します。おのおのの大きさの比は，つぎのペクレ数（Peclet number）と呼ばれる無次元パラメータで確認することができます。

$$Pe = \frac{UL}{\alpha} \tag{9.42}$$

U は代表速度，L は代表長さ，α は拡散率で，Pe が大きいほど拡散に対して移流の効果が大きくなります。

また，川や湖の水，地下水の浄水処理では沈降過程が特に重要になります。沈降は真空中では，重力による自由落下となり物質にかかわらず同じ速度です。ところが，水や空気など媒質中では，粒子の形状や粘性，レイノルズ数などに依存する抗力を考える必要があります。粒子同士が衝突しながら沈降していくことを干渉沈降といいますが，複雑で理論的に扱うのは困難です。理論では，単独の粒子が沈降するいわゆる単粒子沈降を扱うことができます。

ここでは，直径 d，密度 ρ の球状粒子が密度 ρ' の水中を沈降するときの速度 w を考えます。沈降開始直後は，重力＞抗力ですが，速度が大きくなるにつれて，抗力も大きくなり，最終的に重力＝抗力となります。このときの速度を**終末速度**（terminal velocity）と呼びます。このとき，次式のように，粒子に作用する浮力を差し引いた重力（左辺）と粒子に作用する抗力（右辺）は等しくなります。

$$\frac{1}{6}\pi d^3(\rho - \rho')g = C_D \frac{\pi d^2}{4}\frac{\rho' w^2}{2} \tag{9.43}$$

重力が直径の3乗，抗力は2乗に比例するので，同じ密度なら大きな粒子ほど沈降速度は大きくなりますが，沈降速度 w は次式で計算できます。

$$w = \sqrt{\frac{4d(\rho - \rho')g}{3\rho' C_D}} \tag{9.44}$$

なお，浄水処理で扱うような粒子の径は一般的に非常に小さく，$Re<1$ の範囲と考えられます．この場合，$C_D = 24/Re$ となるので，$Re = wd/\nu$ で，水の粘性を μ とすると，次式の形になります．

$$w = \frac{d^2(\rho - \rho')g}{18\mu} \tag{9.45}$$

この式をストークスの式と呼び，低レイノルズ領域での終末沈降速度を表します．

演 習 問 題

【9.1】 問図 9.1 は，東日本大震災のときに岩手県沖の水深 200 m の場所で観測された津波波形です．この津波が水深 10 m の浅海域に入ってくると，どの程度の高さになるか，グリーンの法則を用いて予想してください．

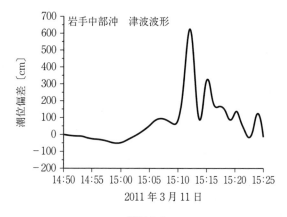

問図 9.1

【9.2】 平均水深が 40 m の湾に周期 2 分と 20 分の津波が入ってきます．それぞれ，湾の奥行がどの程度の長さのとき，最も津波が増幅されやすいか考えてください．

【9.3】 高潮の高さ η 〔cm〕は，$a(1\,010 - p) + bW^2$ という経験式でおおまかに予測することができます．ここで，p は台風の最低気圧〔hPa〕，W は最大風速〔m/s〕です．a, b は定数であり，地域ごとに固有の値をとります．東京，名古屋，大阪における定数がそれぞれ，$a = 2.332$, 1.674, 2.167，$b = 0.112$, 0.165, 0.181 のとき，台風を任意に仮定して各地点の比較を行ってください．また，各地域でどのような特徴を持つ台風が特に大きな高潮をもたらすか検討してください．

【9.4】 堤防の前背面に水位差が 8 m あり，基礎となる岩盤層と静止した水の間にシルト層が広がっています．問図 9.2 のように等ポテンシャル線を仮定するとき，フローネット法を使って日当りの透水流量を求めてください．

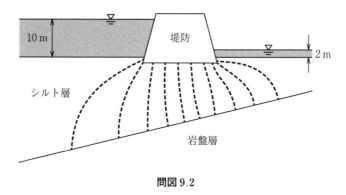

問図 9.2

引用・参考文献

1) 高木泰士，H. Luc，水落拓海："2018 年 7 月西日本豪雨における潮汐起因の河川背水に関する解析と現地調査", 土木学会論文集 B3, Vol. **75**, No. 1, pp.1-9（2019）
2) R. W. Schloemer: "Analysis and Synthesis of Hurricane Wind Patterns Over Lake Okeechobee, FL", *Hydromet Rep.*, No. 31, p.49（1954）
3) J. A. Church et al.: "Sea Level Change. In: Climate Change 2013: The Physical Science Basis. Contribution of Working Group I to the Fifth Assessment Report of the Intergovernmental Panel on Climate Change", *Cambridge University Press*, Cambridge, United Kingdom（2013）
4) 気象庁：海洋の健康診断表「総合診断表」（第 2 版，2013），https://www.data.jma.go.jp/gmd/kaiyou/shindan/sougou/（2019 年 7 月 31 日現在）
5) D. T. Nguyen, H. Takagi, M. Esteban (eds.): "Coastal Disasters and Climate Change in Vietnam: Engineering and Planning Perspectives", p.424, Elsevier（2014）
6) 地盤工学会：地盤材料試験の方法と解説（2009）
7) T. Mikami et al.: "Storm Surge Heights and Damage Caused by the 2013 Typhoon Haiyan Along the Leyte Gulf Coast", *Coastal Engineering Journal*, p.27（2016）
8) V. Roeber, J. D. Bricker: "Destructive Tsunami-Like Wave Generated by Surf Beat Over a Coral Reef During Typhoon Haiyan", *Nature Communications*, Vol.**6**, No.3794（2015）
9) H. Takagi et al.: "Track Analysis, Simulation, and Field Survey of the 2013 Typhoon Haiyan Storm Surge", *J. Flood Risk Management*, Vol.**10**, No.1, pp.42-52（2017）
10) H. Takagi, T.V. Tran, D.T. Nguyen, M. Esteban: "Ocean Tides and the Influence of Sea-Level Rise on Floods in Urban Areas of the Mekong Delta", *Journal of Flood Risk Management*, Vol.**8**, No.4, pp.292-300（2014）

付　　　録

A.1　覚えておくべき二つのパラメータと五つの数式

水理学では最低限の心得として，流れの状態を把握するための二つのパラメータと，流れを分析するための五つの数式を覚えていくことが望ましいといえます。小学校時代に習った掛け算の九九と同じように，これらを早めに覚えておくと，学習の能率が著しく向上します。

【二つのパラメータ】

（1）**管水路の流れ**：　水の流れが層流か乱流かを判別するためにレイノルズ数 Re を用います。

$$Re = \frac{Ud}{\nu} \quad (U：断面平均流速，\quad d：内径，\quad \nu：動粘性係数) \tag{5.26}$$

（2）**開水路の流れ**：　水の流れが常流か射流かを判別するためにフルード数 Fr を用います。

$$Fr = \frac{v}{\sqrt{gh}} \quad (v：断面平均流速，\quad g：重力加速度，\quad h：水深) \tag{6.4}$$

【五つの数式】

（1）**質量の保存則（連続式）**

$$\frac{\partial u}{\partial x} + \frac{\partial v}{\partial y} + \frac{\partial w}{\partial z} = 0 \tag{2.2}$$

（2）**運動量の保存則（x 方向）**

完全流体の場合：　オイラーの方程式

$$\frac{\partial u}{\partial t} + u\frac{\partial u}{\partial x} + v\frac{\partial u}{\partial y} + w\frac{\partial u}{\partial z} = X - \frac{1}{\rho}\frac{\partial p}{\partial x} \tag{2.14 a}$$

粘性流体の場合：　ナビエ・ストークスの方程式

$$\frac{\partial u}{\partial t} + u\frac{\partial u}{\partial x} + v\frac{\partial u}{\partial y} + w\frac{\partial u}{\partial z} = X - \frac{1}{\rho}\frac{\partial p}{\partial x} + \nu\left(\frac{\partial^2 u}{\partial x^2} + \frac{\partial^2 u}{\partial y^2} + \frac{\partial^2 u}{\partial z^2}\right) \tag{5.8 a}$$

乱流の場合：　レイノルズの方程式

$$\frac{\partial \bar{u}}{\partial t} + \bar{u}\frac{\partial \bar{u}}{\partial x} + \bar{v}\frac{\partial \bar{u}}{\partial y} + \bar{w}\frac{\partial \bar{u}}{\partial z}$$

$$= X + \frac{1}{\rho}\left[\frac{\partial}{\partial x}(\overline{\sigma_{xx}} - \rho\overline{u'u'}) + \frac{\partial}{\partial y}(\overline{\tau_{yx}} - \rho\overline{u'v'}) + \frac{\partial}{\partial z}(\overline{\tau_{zx}} - \rho\overline{u'w'})\right] \tag{5.31 a}$$

（3）**力学的エネルギーの保存則（ベルヌイの定理）**

$$\frac{v^2}{2g} + \frac{p}{\rho g} + z = 一定 \tag{2.16}$$

A.2 主要な水理学関連用語の日英対訳表

用語	英語表現
水理学	hydraulics
流体	fluid
流れ	flow
密度	density
比重	specific weight
応力	stress
圧力	pressure
せん断応力	shear stress
せん断力	shear
粘性係数	coefficient of viscosity
動粘性係数	coefficient of kinematic viscosity
層流	laminar flow
乱流	turbulent flow
乱れ	turbulence
表面張力	surface tension
力	force
静水圧	hydrostatic pressure
絶対圧力	absolute pressure
ゲージ圧	gage pressure
大気圧	atmosperic pressure
真空	vacuum
浮力	buoyant force, buoyancy
次元	dimension
次元解析	dimensional analysis
勾配	gradient
発散	divergence
回転	rotation, curl
完全流体	perfect fluid
粘性流体	viscous fluid
粘性の	viscous
非粘性の	inviscid
管路流れ	pipe flow
開水路流れ	open channel flow
定常流	steady flow
非定常流	unsteady flow
水深	depth
幅	width

用語	英語表現
等流	uniform flow
不等流	non-uniform flow, varied flow
流速	velocity
流量	discharge
加速度	acceleration
質量	mass
オイラーの方程式	Euler equations
ナビエ・ストークスの方程式	Navier-Stokes equations
ベルヌイの定理	Bernoulli's theorem
水頭	water head
圧力水頭	pressure head
速度水頭	velocity head
全水頭	total head
渦度	vorticity
渦	vortex, eddy
比エネルギー	specific energy
連続式	continuity equation
運動量方程式	momentum equation
運動量	momentum
レイノルズ数	Reynolds number
フルード数	Froude number
模型	model
原型	prototype
ピエゾ水頭	piezometric head
動水勾配線	hydraulic grade line
エネルギー線	energy grade line
動水勾配	hydraulic gradient
水面勾配	surface gradient
限界レイノルズ数	critical Reynolds number
混合距離	mixing length
渦動粘性係数	coefficient of eddy viscosity
レイノルズ応力	Reynolds stress
潤辺	wetted perimeter
径深	hydraulic radius
摩擦損失係数	friction factor

A.2 （続き）

用　語	英語表現
摩擦速度	friction velocity, shear velocity
損失水頭	head loss
サイフォン	siphon
管　網	pipe network
常　流	subcritical flow
射　流	supercritical flow
限界流	critical flow
限界水深	critical depth
等流水深	normal depth
支配断面	control section
跳　水	hydraulic jump
段　波	bore wave

用　語	英語表現
緩勾配水路	mild slope channel
急勾配水路	steep slope channel
限界勾配	critical slope
マニングの式	Manning formula
マニングの粗度係数	Manning's roughness coefficient
堰上げ背水	backwater
低下背水	drawdown
急変流	rapidly varied flow
漸変流	gradually varied flow
堰	weir
ゲート	gate

A.3　水理学の歴史年表

　水は人間の生活にとって必要不可欠なものであり，水やその運動に関する知識や経験則は，文明の始まりとともに昔からありました．しかし，この教科書で学習するような学問分野の一つとして体系づけられた「水理学」というのは，18世紀頃から少しずつ形づくられてきたものです．**付録図**に，この教科書に登場する水理学の形成に大きく貢献した人物とそのおもな功績を年表として示します．この年表を見ながら，水理学の発展の歴史を概観してみましょう．

　18世紀は，ニュートンの運動の法則に代表される，現代の科学技術の基礎である，いわゆる古典力学が確立された時代ということができます．ニュートンに続く時代には，ベルヌイ，オイラー，ラグランジェといった数学者・物理学者が，まずは完全流体の運動の定式化に向けた大きな足跡を残しました（ちなみに，ベルヌイ家は多くの学者を輩出した一族であり，ここに挙げたベルヌイはダニエル・ベルヌイです）．

　19世紀に入ると，粘性流体の運動の方程式に名を残すことになるナビエとストークスが現れます．ナビエは土木技術者，ストークスは数学者と立場は異なりますが，この2人は独立にそれぞれナビエ・ストークスの方程式の考えにたどり着きました．この時代には，粘性流体の運動に関する理解が深まっていったと同時に，ダルシー・ワイスバッハの式やマニングの式など，今日も広く実用に使われている式も導かれました．理論を追求する流体力学と実用の要請にこたえる工学の両方の側面で，大きな進展があった時代ということができます．

　19世紀後半から20世紀前半にかけての時代には，乱流の流体力学が重要な研究テーマの一つとなりました．レイノルズが層流と乱流の違いを観察した有名な実験は，1880年に行われました．レイノルズに続く時代には，プラントルの境界層理論などの登場により，流体力学は現実の流体の運動を説明するより強力な道具となりました．それにともない，理論的な流体力学と経験的・実用的な工学の結びつきが強くなっていき，現在われわれが学習している「水理学」が形づくられていくことになります．

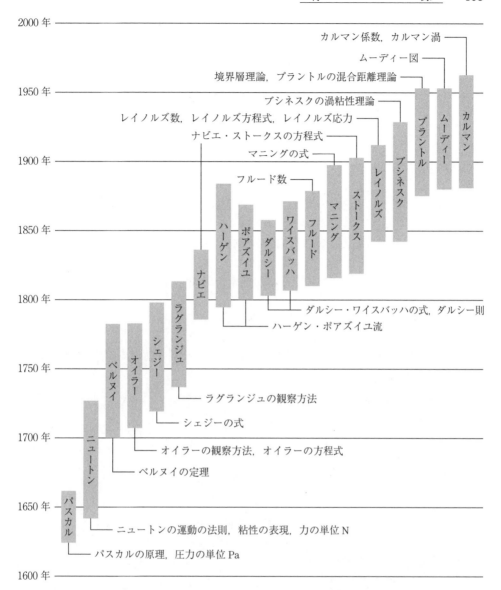

付録図 水理学の歴史上の人物とその功績に関する年表

〔水理学の歴史に関する文献〕

1) H. Rouse, S. Ince: "History of Hydraulics", Iowa Institute of Hydraulic Research（1957）
2) H. Rouse, S. Ince 共著, 高橋　裕, 鈴木高明 共訳：水理学史, 鹿島出版会（1974）
3) H. Rouse, S. Ince 共著, 田村徳一郎 訳：水理学の歴史, 農業土木学会（1975）
4) 細井　豊：教養 流れの力学（上）―流れの力学史―, 東京電機大学出版局（1990）

演習問題解答

■2章

【2.1】 図2.1にあるように，ラグランジュ流の記述では移動している質点に着目して，その運動を追いかけます。一方でオイラー流の記述では観察する場所を固定して，そこを通りすぎていく流体の流速などを記録します。この違いを自分なりの図で描いてみてください。

【2.2】 必ず，手書きで式を書いてみることが必要です。式 (2.2)，(2.14 a)，(2.14 b) を覚えてください。オイラーの運動方程式の左辺は，微分演算子 D/Dt を x 方向流速 u に作用させたものが x 方向の式

$$a_x = \frac{Du}{Dt} = \frac{\partial u}{\partial t} + u\frac{\partial u}{\partial x} + v\frac{\partial u}{\partial y} + w\frac{\partial u}{\partial z} \tag{2.10}$$

y 方向流速 v に作用させたものが y 方向の式となり，z 方向も同様となることを認識してください。

$$\text{オイラーの運動方程式 (}x\text{方向)}: \quad \frac{\partial u}{\partial t} + u\frac{\partial u}{\partial x} + v\frac{\partial u}{\partial y} + w\frac{\partial u}{\partial z} = X - \frac{1}{\rho}\frac{\partial p}{\partial x}$$

$$\text{オイラーの運動方程式 (}y\text{方向)}: \quad \frac{\partial v}{\partial t} + u\frac{\partial v}{\partial x} + v\frac{\partial v}{\partial y} + w\frac{\partial v}{\partial z} = Y - \frac{1}{\rho}\frac{\partial p}{\partial y}$$

$$\text{連続式}: \quad \frac{\partial u}{\partial x} + \frac{\partial v}{\partial y} + \frac{\partial w}{\partial z} = 0$$

【2.3】 必ず，手書きで式を書いてみてください。

$$\frac{\partial u}{\partial t} + u\frac{\partial u}{\partial x} + v\frac{\partial u}{\partial y} + w\frac{\partial u}{\partial z} = X - \frac{1}{\rho}\frac{\partial p}{\partial x} + \nu\left(\frac{\partial^2 u}{\partial x^2} + \frac{\partial^2 u}{\partial y^2} + \frac{\partial^2 u}{\partial z^2}\right) \tag{2.15 a}$$

各項の物理的な意味はつぎのとおりです。

左辺の第1項： 流速の時間偏微分

左辺の第2, 3, 4項： 移流項（オイラー流の観察による流速を微分するために生じます）

右辺の第1項： 座標軸が非慣性系で，加速度をともなって移動している場合に生じる見かけの力（地上に座標軸を設定すると，地球が自転しているために z 軸方向に加速度があり，この場合には重力が鉛直方向にかかります）

右辺の第2項： 圧力の場所による変化の効果

右辺の第3項： 粘性による応力

【2.4】 下記を適宜図示してください。

質量の保存則： 連続式

運動量の保存則：

　（非粘性流体） オイラーの方程式

演 習 問 題 解 答   155

(粘性流体)　ナビエ・ストークスの方程式
(乱流の場合，時間平均流速に対しての式)　レイノルズの方程式
(上記 3 式は微視的に流体運動を観察していますが，巨視的に運動を観察し，運動量変化と作用している力を等置すると)　(巨視的に見た) 運動量の保存則
力学的エネルギーの保存則：　ベルヌイの定理 (オイラーの方程式を空間的に積分すると得られます)

　このうち，連続式はほかの式から独立です。一方で，ベルヌイの定理はオイラーの方程式から導くことができますので，両者は独立ではなく，ベルヌイの定理とオイラーの式を連立させて解くことはできません。

■ 3 章

【3.1】　液体中の静水圧は，液体の密度によって変化することを理解しておく必要があります。ここで，圧力の単位 Pa（$=kg/(m \cdot s^2)$）に注意して，最初に水の静水圧を考えます。水深 10 m の地点における絶対圧力 P_{wa} とゲージ圧 P_{wg} については，それぞれ式 (1)，(2) のように求めることができます。

$$P_{wa} = \rho g z + P_0 = 1\,000 \text{ kg/m}^3 \times 9.81 \text{ m/s}^2 \times 10 \text{ m} + 101\,300 \text{ Pa} = 98\,100 \text{ Pa} + 101\,300 \text{ Pa}$$
$$= 199\,400 \text{ Pa} = 1\,994 \text{ hPa} \qquad (1)$$

$$P_{wg} = \rho g z = 1\,000 \text{ kg/m}^3 \times 9.81 \text{ m/s}^2 \times 10 \text{ m} = 98\,100 \text{ Pa} = 981 \text{ hPa} \qquad (2)$$

このように，水の絶対圧力とゲージ圧はそれぞれ下向きを正とすると 1 994 hPa と 981 hPa になります。ここで，水深 10 m では大気圧の約 2 倍の圧力がかかることがわかります。

　つぎにオイルの静水圧を考えます。オイルの比重は 0.9 であるので，水面下 10 m の位置における絶対圧力 P_{oa} とゲージ圧 P_{og} は，それぞれ式 (3)，(4) のように求めることができます。

$$P_{oa} = S_g \rho g z + P_0 = 0.9 \times 1\,000 \text{ kg/m}^3 \times 10 \text{ m} \times 9.81 \text{ m/s}^2 + 101\,300 \text{ Pa}$$
$$= 88\,290 \text{ Pa} + 101\,300 \text{ Pa} = 189\,590 \text{ Pa} = 1\,895.9 \text{ hPa} \qquad (3)$$

$$P_{og} = \rho g z = 0.9 \times 1\,000 \text{ kg/m}^3 \times 10 \text{ m} \times 9.81 \text{ m/s}^2 = 88\,290 \text{ Pa} = 882.9 \text{ hPa} \qquad (4)$$

このように，オイルの絶対圧力とゲージ圧はそれぞれ 1 896 hPa と 883 hPa となります。当たり前のようですが，オイルのゲージ圧は水のそれと比較して比重が 0.9 であるので，約 10 % 減少します。

【3.2】　この演習問題では，本文中における静水圧の算定方法と同様にして，水面から下向きに z 軸をとることで，全水圧の計算を行います。静水圧を計算する際には，水面を基準面として下向きに z 軸を伸ばすことに慣れるようにしてください。

　最初に，断面が長方形の場合であるケース (a) を考えます。奥行 w は 5 m であるので，本文中の式 (3.15) を用いると全水圧 P は式 (1) のようになります。

$$P = \frac{\rho g z^2 w}{2 \sin \theta} = \frac{(1.0)(9.81)(10)^2(5.0)}{2 \sin 90°} = 2\,452.5 \text{ kN} \qquad (1)$$

作用点の水面からの距離 s_C は，本文中の式 (3.16) を用いると式 (2) のようになります。

$$s_C = \frac{2z}{3 \sin 90°} = \frac{2(10)}{3 \sin 90°} = 6.67 \text{ m} \qquad (2)$$

　つぎに，圧力がかかる面が三角形の場合（ケース (b)）では，本文中の式 (3.7) を用いるとその全水圧 P は式 (3) のようになります。

$$P = \gamma n_G A (\sin\theta) = (1.0)(9.81)\frac{(20.0)}{3}\frac{(5.0)(10.0)}{2}(\sin 90°) = 1\,635 \text{ kN} \quad (3)$$

水面からの作用点の位置 n_C は，本文中の式 (3.12) を用いると式 (4) のようになります．

$$n_C = \frac{I_0}{n_G A} + n_G = \frac{(5.0)(10.0)^3/36}{(20/3)((10.0)(5.0)/2)} + \frac{20}{3} = 7.50 \text{ m} \quad (4)$$

【3.3】 本問では，最初に上層（密度 ρ_1）と下層（密度 ρ_2）の液体の全水圧（P_1, P_2）と水面からの作用点の位置（n_{C1}, n_{C2}）をそれぞれ分けて求めます（**解図 3.1**）．2 種類の液体の全水圧と作用点 n_C は，上層と下層の液体の全水圧と作用点に関する水面からのモーメントの総和から求めます．

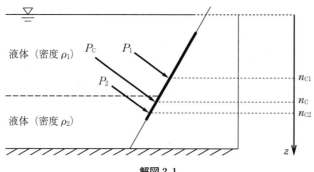

解図 3.1

最初に，上層の液体が斜面の一部に与える全水圧 P_1 を求めます．

$$P_1 = \frac{\rho_1}{2\sin 60°}(9.81)(5)(6)^2 - \frac{\rho_1}{2\sin 60°}(9.81)(5)(2)^2 = \frac{\rho_1}{2\sin 60°}(9.81)(160) = 906\rho_1 \quad (1)$$

その作用点の位置 n_{C1} を求めると式 (2) のようになります．

$$n_{C1} = \frac{I_0}{n_G A} + n_G = \left(\frac{5(4)^3/12}{4\cdot(4)(5)}\right) + 4 = 4.33 \text{ m} \quad (2)$$

下層の液体が斜面に与える全水圧 P_2 を求めると式 (3) のようになります．

$$P_2 = \frac{1}{2\sin 60°}(12\rho_1 + 2\rho_2)(2)(9.81)(5)$$
$$= 113.3(6\rho_1 + \rho_2) \quad (3)$$

下層の液体による作用点の位置 n_{C2} を求めると式 (4) のようになります．

$$n_{C2} = \frac{(18\rho_1 + 4\rho_2)}{3(6\rho_1 + \rho_2)} + 6 \quad [\text{m}] \quad (4)$$

よって，斜面にかかる作用点を n_C とすると全水圧は上層と下層の液体のそれぞれの全水圧の和（$P_C = P_1 + P_2$）となるので，モーメントの総和を考えると次式が成立します（本文中の図 3.4 を参照するなどして，この考え方に慣れるようにしてください）．

$$P_C n_C = P_1 n_{C1} + P_2 n_{C2}$$
$$(906\rho_1 + 680\rho_1 + 113.3\rho_2)n_C = (906\rho_1)(4.33) + 113.3(6\rho_1 + \rho_2)\left(\frac{18\rho_1 + 4\rho_2}{3(6\rho_1 + \rho_2)} + 6\right) \quad (5)$$

したがって，全水圧の作用する位置 n_C を式 (6) のように求めることができます．

$$n_C = (8\,682\rho_1 + 830.9\rho_2)/(1\,586\rho_1 + 113.3\rho_2) \quad (6)$$

【3.4】 円弧にかかる静水圧は少し特殊な事例です。この静水圧の水平成分 P_x は，鉛直断面にかかる静水圧と同じです（**解図 3.2**）。また，静水圧の鉛直成分 P_z は，長方形から円弧の占める体積を省いた容積から計算する必要があります。本問でも下向きに z 軸をとります。また，この円弧の場合における鉛直方向の水圧は，浮力が働いていると解釈することもできます。

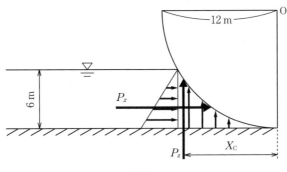

解図 3.2

水平成分の単位奥行当りの全水圧 P_x と作用点の位置 z_C はそれぞれ式（1），（2）のようになります。

$$P_x = \frac{\rho}{2 \sin 90°}(9.81)(6)^2 = 176.6\rho \tag{1}$$

$$z_C = \frac{12}{3(\sin \theta)} = \frac{12}{3(\sin 90°)} = 4.00 \text{ m} \tag{2}$$

つぎに，静水圧の鉛直方向の単位奥行当りの全水圧 P_z は式（3）のようになります。

$$P_z = -\rho\left(-\frac{\pi(12)^2}{6} + \frac{(6)(6\sqrt{3})}{2} + (6)(6\sqrt{3})\right)(9.81) = -177.9\rho \tag{3}$$

つぎに点 O まわりのモーメントは 0 であるので，静水圧 P_x，P_z が作用する向きに注意して，モーメントを計算すると式（4）のようになります。

$$P_x(h + z_C) + P_z x_C = 0 \tag{4}$$

よって，式（5）のように右端からの作用点の位置 x_C を求めることができます

$$x_C = \frac{P_x(h + z_C)}{P_z} = \frac{176.6\rho(6+4)}{177.9\rho} = 9.93 \text{ m} \tag{5}$$

【3.5】 本問のように複数の液体が重なっている場合においては，液体群を 1 層ずつ考えていくことが重要です。また，ヒンジを起点としてモーメント計算を行うことが重要です。モーメント計算ではヒンジを起点にするために，水底を起点として鉛直上向き方向に z 軸をとります（**解図 3.3**）。

まず，左側の液体群について，1 層ずつそれらの全圧力と作用点の位置を求めます。密度 ρ_1 の液体に関して，全圧力 P_1 と作用点の位置 s_{C1} はそれぞれ式（1），（2）のようになります。

$$P_1 = \frac{\rho_1}{2} g h_1^2 \tag{1}$$

$$s_{C1} = \frac{h_1}{3} + (h_2 + h_3) \tag{2}$$

つぎに密度 ρ_2 の液体に関して，全圧力 P_2 と作用点の位置 s_{C2} はそれぞれ式（3），（4）のよう

158   演習問題解答

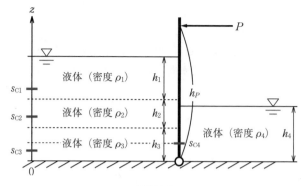

解図 3.3

になります（作用点は水底が基準面になっていることに注意してください）．

$$P_2 = \frac{h_2}{2} g(2\rho_1 h_1 + \rho_2 h_2) \tag{3}$$

$$s_{C2} = \frac{3\rho_1 h_1 + \rho_2 h_2}{3(2\rho_1 h_1 + \rho_2 h_2)} h_2 + h_3 \tag{4}$$

最後に密度 ρ_3 の液体に関して，全圧力 P_3 と作用点の位置 s_{C3} は式（5），（6）のようになります．

$$P_3 = \frac{h_3}{2} g(2\rho_1 h_1 + 2\rho_2 h_2 + \rho_3 h_3) \tag{5}$$

$$s_{C3} = \frac{3\rho_1 h_1 + 3\rho_2 h_2 + \rho_3 h_3}{3(2\rho_1 h_1 + 2\rho_2 h_2 + \rho_3 h_3)} h_3 \tag{6}$$

つぎに右側の液体（密度 ρ_4）に関しても同様に，全圧力 P_4 と作用点の位置 s_{C4} を求めます．

$$P_4 = \frac{\rho_4}{2} g h_4^2 \tag{7}$$

$$s_{C4} = \frac{h_4}{3} \tag{8}$$

最後にヒンジを起点としたモーメントの釣合いを考えると，式（9）が成立します．

$$P_1 s_{C1} + P_2 s_{C2} + P_3 s_{C3} = P_4 s_{C4} + h_P P \tag{9}$$

式（9）に対して，これまでに得られた各層の全圧力と作用点を代入したのちに，力 P について整理すると式（10）のようになります．

$$P = \frac{1}{h_P}\left[\left(\frac{\rho_1}{2} g h_1^2\right)(h_1/3 + h_2 + h_3) + \frac{h_2 g}{6}\{(3\rho_1 h_1 + \rho_2 h_2)h_2 + 3(2\rho_1 h_1 + \rho_2 h_2)h_3\}\right.$$
$$\left. + \frac{h_3^2 g}{6}(3\rho_1 h_1 + 3\rho_2 h_2 + \rho_3 h_3) - \left(\frac{\rho_4}{6} g h_4^3\right)\right] \tag{10}$$

【3.6】 単純な浮体の問題では，浮力と重力が釣り合うことに注意して解を導いていくことが重要です．

ケース A： 最初に，浮体の重量 W_A を求めます．

$$W_A = \rho g V = (400)(9.81)(1.2)(1.2)(1.0) = 5\,650.6\,\text{N} \tag{1}$$

つぎに，沈む量を h_1 とすると，浮体が受ける浮力 B_A は式（2）のようになります．

$$B_A = \rho g A h_1 = (1\,000)(9.81)(1.2)(1.2)h_1 = 14\,126.4 h_1\,[\text{N}] \tag{2}$$

ここで，$B_A = W_A$ であるので重りを搭載しない場合には h_1 は式（3）のようになります。
$$h_1 = 0.4000 \text{ m} \tag{3}$$
つぎに，重りを搭載した場合の重量 $W_{A重り}$ を考えます。
$$W_{A重り} = 5650.6 + (400)(9.81) = 9574.6 \text{ N} \tag{4}$$
同様に，$B_A = W_{A重り}$ を考えると，つぎのように h_2 を求めることができます。
$$14126.4 h_2 = 9574.6 \tag{5}$$
よって，$h_2 = 0.6777$ m となります。

ケースB：最初に，浮体の重量 W_B を求めます。
$$W_B = \rho g V = (400)(9.81)(0.6)(0.6)(3.1415)(1.0) = 4437.8 \text{ N} \tag{6}$$
つぎに，浮体が受ける浮力 B_B を求めます。
$$B_B = \rho g A h_1 = (1000)(9.81)(0.6)(0.6)(3.1415)h_1 = 11094.5\, h_1 \text{ [N]} \tag{7}$$
ここで，重りを搭載しない場合には $B_B = W_B$ であるので，h_1 は式（8）のようになります。
$$h_1 = 0.4000 \text{ m} \tag{8}$$
つぎに重りを搭載した場合の重量 $W_{B重り}$ を考えます。
$$W_{B重り} = 4437.8 + (400)(9.81) = 8361.8 \text{ N} \tag{9}$$
同様に，$B_B = W_{B重り}$ を考えると，$h_2 = 0.7537$ m となります。

【3.7】 本問では安定条件を考えるために，本文中の式 (3.29) を用います。
$$\frac{I_y}{V}\left[1 + \frac{(\tan\theta)^2}{2}\right] > L_{GU} \tag{3.29}$$
ここに，I_y は奥行方向を軸とした断面二次モーメント，V は体積，θ は 10°，L_{GU} は傾き前の浮心と重心の距離であることに注意する。

ケースA：最初に，式 (3.29) の左辺を求めるために，断面二次モーメント I_y，体積 V を求めます。
$$I_y = \frac{(1.0)(2.0)^3}{12} = 0.667 \tag{1}$$
よって，式 (3.29) の左辺は
$$\frac{I_y}{V}\left[1 + \frac{(\tan\theta)^2}{2}\right] = \frac{0.667}{(2.0)(2.0)(1.0)}\left[1 + \frac{(\tan 10°)^2}{2}\right] = 0.169 \tag{2}$$
つぎに浮心と重心の距離 L_{GU} を求めます。密度は一様であり，直方体であることを考慮すると，重心の位置は物体の中心にあります。沈んでいる部分の高さを h_B とすると，浮力と重力の釣合いから
$$(2.0)(2.0)(1.0)(0.8)(9.81) = (2.0)(1.0)(9.81)h_B \tag{3}$$
$$h_B = 1.60 \tag{4}$$
よって，重心と浮心の距離は式（5）のようになります。
$$L_{GU} = 1.00 - 0.800 = 0.200 \text{ m} \tag{5}$$
したがって，ケースAの場合，浮体は<u>不安定</u>と判定できます。

ケースB：ケースBは基本的に，ケースAと同様にして考えていく必要がありますが，底面の密度が違うので，重心の位置と浮心の位置が若干変化することに注意する必要があります。したがって，式 (3.29) の左辺は変化しませんが，重心と浮心の距離が変化することになります。最初に，比などを用いて重心の位置を求めると，下から 0.9 m の位置にあることがわかります。つぎに沈んでいる部分の高さを h_B とすると，浮力と重力の釣合いから，式（6）のようになります。

$\{(2.0)(1.0)(1.2)(0.8)+(2.0)(1.0)(0.8)(1.2)\}(9.81)=(2.0)(1.0)(9.81)h_B$

$h_B = 1.92$ 　　　　　　　　　　　　　　　　　　　　　　　　　　　　　　（6）

よって，重心と浮心の距離は

$L_{GU} = 1.92/2 - 0.900 = 0.06$ m 　　　　　　　　　　　　　　　　　　（7）

したがって，式（3.29）は満たされます。よって，ケースBの場合には浮体は<u>安定</u>していると判定できます。

【3.8】 本問では，まず浮体が安定しているか不安定であるかを判定します。安定であれば，上向きの力は必要ない（上向きの力は0）と解答できますが，不安定の場合には力を加える必要があります。その場合には，重りと浮体の重量の下向きのモーメント，浮体の上向きのモーメント，必要な上向きの力のモーメントの釣合いを考える必要があります。

最初に浮体の安定性を判断します。以下の浮体の安定に関する本文中の式（3.29）を用います。

$$\frac{I_y}{V}\left[1+\frac{(\tan\theta)^2}{2}\right] > L_{GU} \tag{3.29}$$

ここに，I_yは奥行方向を軸とした断面二次モーメント，Vは体積，θは傾き15°，L_{GU}は傾き前の浮心と重心の距離です。

浮体は円筒形をしているので，断面二次モーメントは式（1）のようになります。

$$I_y = \frac{\pi(5.0)^4}{64} = 30.68 \tag{1}$$

よって，式（3.29）の左辺は式（2）のようになります。

$$\frac{I_y}{V}\left[1+\frac{(\tan\theta)^2}{2}\right] = \frac{30.68}{\pi(2.5)(2.5)(4.0)}\left[1+\frac{(\tan 15°)^2}{2}\right] = 0.405 \tag{2}$$

つぎに，浮心と重心の距離を求めるために，この浮体が沈んだ際の吃水深hを求めます。浮力＝重力であるので

$$(1.0)\pi(2.5)(2.5)(9.81)h = (20)(9.81) + (0.6)\pi(2.5)(2.5)(9.81)(4.0) \tag{3}$$

これを解くと，$h = 3.419$となります。つぎに重心の位置は，比などを使って求めると，浮体の底面から，2.745 mに位置しています。したがって，重心と浮心の距離は式（4）のようになります。

$$L_{GU} = 2.745 - 1.709 = 1.036 \text{ m} \tag{4}$$

よって，浮体は不安定であることがわかります。ゆえに，浮体を安定させるためには，力を加える必要があることがわかります。

ここで，水面と浮体の中心点の接点をOとして，この点回りの力のモーメントの釣合いを求めることで，上向きの力Pを求めます。ここで，浮心の位置が変化しており，モーメントを求める際に注意する必要があります。まず，本文中の式（3.23）を用いて，新しい浮心の位置を求めます。

$$\varepsilon = \frac{\tan\theta I_y}{V} = \frac{(30.68)\tan 15°}{\pi(2.5)(2.5)(4.0)} = 0.105 \tag{5}$$

さらに，本文中の式（3.25）を用いると

$$\delta = \frac{I_y(\tan\theta)^2}{2V} = \frac{(30.68)(\tan 15°)^2}{2\pi(2.5)(2.5)(4.0)} = 0.014 \tag{6}$$

元の位置からのずれを求めることができたので，**解図3.4**のように浮体が傾いていることがわかります。

演習問題解答 161

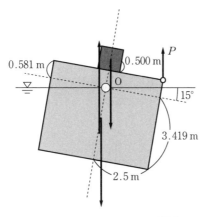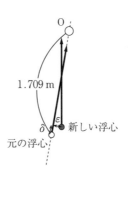

解図 3.4

この断面図を用いて，必要な力 P を求めるために点 O を中心としたモーメント計算を行います。ここで，傾きが 15°で釣り合っている場合には，搭載している物体および円柱にかかる重力，浮力，必要な力 P には式（7）のような関係が成立します。

P によるモーメント＋円柱の自重によるモーメント
　　＝浮力によるモーメント＋搭載物体によるモーメント　　　　　　　　　　　　　　　（7）

式（7）に値などを代入すると，式（8）のようになります。

$$\frac{P(2.5)}{\cos 15°} + (2.5 - 0.581)((0.6)\pi(2.5)(2.5)(4.0))(\sin 15°)$$
$$= (20)(0.581 + 0.5)(\sin 15°)$$
$$\quad + (1.0)\pi(2.5)(2.5)(3.419)((1.709 - 0.014)(\sin 15°) - 0.105) \quad （8）$$

これを解くと，$P = 1.77$ t として求めることができます。このように傾いている物体を維持するだけでも，相当な力がかかることがわかります。

■ 4 章
【4.1】（1）$\Phi = \alpha x + \beta y$

完全流体か否かを判定するためには，式（1）のラプラスの方程式を用いる必要があります。

$$\frac{\partial^2 \Phi}{\partial x^2} + \frac{\partial^2 \Phi}{\partial y^2} = 0 \quad （1）$$

ここで，$\Phi = \alpha x + \beta y$ を代入すると式（2）のようになります。

$$\frac{\partial^2 (\alpha x + \beta y)}{\partial x^2} + \frac{\partial^2 (\alpha x + \beta y)}{\partial y^2} = 0 + 0 = 0 \quad （2）$$

よって，ポテンシャル関数 $\Phi = \alpha x + \beta y$ は完全流体です。ここで，完全流体であるので，x，y 軸方向の速度成分を求めます。速度成分を求めるには式（3）の関係式を用います。

$$u = -\frac{\partial \Phi}{\partial x}, \quad v = -\frac{\partial \Phi}{\partial y} \quad （3）$$

この関係式に与えられたポテンシャル関数を代入し，x，y 軸は独立していることに注意すると式（4）のようになります。

$$u = -\frac{\partial(\alpha x + \beta y)}{\partial x} = -\alpha, \quad v = -\frac{\partial(\alpha x + \beta y)}{\partial y} = -\beta \tag{4}$$

このように，速度成分を求めることができます．つぎに流線を求めると式（5）のようになります．

$$dx/u = dy/v \quad \Leftrightarrow \quad dx/-\alpha = dy/-\beta \quad \Leftrightarrow \quad dx/dy = \alpha/\beta \tag{5}$$

よって，これを図示すると**解図 4.1** のようになります．

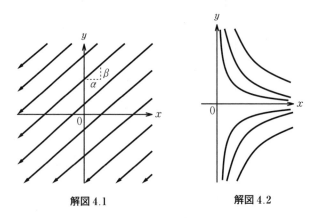

解図 4.1　　　　　　解図 4.2

（2）　$\Phi = \alpha x^2 - \alpha y^2$

まず，ラプラスの方程式を用いて，完全流体の判定を行います．

$$\frac{\partial^2(\alpha x^2 - \alpha y^2)}{\partial x^2} + \frac{\partial^2(\alpha x^2 - \alpha y^2)}{\partial y^2} = 2\alpha - 2\alpha = 0 \tag{1}$$

よって，完全流体であることがわかります．前問（1）と同様にして，x，y 軸がそれぞれ独立であることに注意して，速度関数を求めると式（2）のようになります．

$$u = -\frac{\partial(\alpha x^2 - \alpha y^2)}{\partial x} = -2\alpha x, \quad v = -\frac{\partial(\alpha x^2 - \alpha y^2)}{\partial y} = 2\alpha y \tag{2}$$

したがって，流線の形を求めると式（3）のようになります．

$$dx/u = dy/v \quad \Leftrightarrow \quad -dx/x = dy/y \tag{3}$$

式（3）を図示すると**解図 4.2** のようになります．

（3）　$\Phi = \alpha x^2 + \beta y^2$

ラプラスの方程式を用いて，完全流体の判定を行います．

$$\frac{\partial^2(\alpha x^2 + \beta y^2)}{\partial x^2} + \frac{\partial^2(\alpha x^2 + \beta y^2)}{\partial y^2} = 2\alpha + 2\beta$$

よって，$2\alpha + 2\beta = 0$ を満たす場合のみ，完全流体となります．それ以外の場合には，不完全流体です．ここで，$\alpha = -\beta$ である場合には，問題（2）と同様の流体場が形成されることになりますので，解答は問題（2）同様に解図 4.2 のようになります．

（4）　$\Phi = \alpha x^2 y + \beta y^2 x$

ラプラスの方程式を用いて，完全流体の判定を行います．

$$\frac{\partial^2(\alpha x^2 y + \beta y^2 x)}{\partial x^2} + \frac{\partial^2(\alpha x^2 y + \beta y^2 x)}{\partial y^2} = 2\alpha y + 2\beta x$$

完全流体の場合には，$2\alpha y + 2\beta x = 0$ を満たす必要がありますが，α と β がそれぞれ実数である

ことを考慮すると，この関係を満たすことはできないため，完全流体ではないと判定できます。

(5) $\Phi = \alpha x - \beta y + \gamma z$

ラプラスの方程式を用いて，完全流体の判定を行います。

$$\frac{\partial^2(\alpha x - \beta y + \gamma z)}{\partial x^2} + \frac{\partial^2(\alpha x - \beta y + \gamma z)}{\partial y^2} + \frac{\partial^2(\alpha x - \beta y + \gamma z)}{\partial y^2} = 0 \tag{1}$$

よって，完全流体であることがわかります。流速成分を求めると式（2）のようになります。

$$\left. \begin{aligned} u &= -\frac{\partial(\alpha x - \beta y + \gamma z)}{\partial x} = -\alpha \\ v &= -\frac{\partial(\alpha x - \beta y + \gamma z)}{\partial y} = \beta \\ w &= -\frac{\partial(\alpha x - \beta y + \gamma z)}{\partial z} = -\gamma \end{aligned} \right\} \tag{2}$$

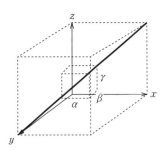

解図 4.3

つぎに流線を求めると式（3）のようになります。

$$\frac{dx}{u} = \frac{dy}{v} = \frac{dz}{w} \Leftrightarrow -\frac{dx}{\alpha} = \frac{dy}{\beta} = -\frac{dz}{\gamma} \tag{3}$$

この流線の一部を図示すると**解図 4.3**のようになります。

【4.2】 (1) $\varphi = \alpha x + \beta y$

流れ関数が与えられた場合に関しても，まずはラプラスの方程式を用いて完全流体か否かを判定します。

$$\frac{\partial^2(\alpha x + \beta y)}{\partial x^2} + \frac{\partial^2(\alpha x + \beta y)}{\partial y^2} = 0 + 0 = 0 \tag{1}$$

よって，完全流体であることがわかります。つぎに，速度場を求めると式（2）のようになります。

$$u = -\frac{\partial \varphi}{\partial y} = -\frac{\partial(\alpha x + \beta y)}{\partial y} = -\beta, \quad v = \frac{\partial \varphi}{\partial x} = \frac{\partial(\alpha x + \beta y)}{\partial x} = \alpha \tag{2}$$

となります。ここで，流線の形を求めると式（3）のようになります。

$$\frac{dx}{u} = \frac{dy}{v} \Leftrightarrow -\frac{dx}{\beta} = \frac{dy}{\alpha} \Leftrightarrow \frac{dx}{dy} = -\frac{\beta}{\alpha} \tag{3}$$

よって，この流れ関数を持つ流れ場は**解図 4.4**のように示すことができます。

(2) $\varphi = \alpha x^2 - \alpha y^2$

最初に，ラプラスの方程式を用いて完全流体か否かを判定します。

$$\frac{\partial^2(\alpha x^2 - \alpha y^2)}{\partial x^2} + \frac{\partial^2(\alpha x^2 - \alpha y^2)}{\partial y^2} = \alpha - \alpha = 0 \tag{1}$$

よって，完全流体であることがわかります。つぎに，速度場を求めると式（2）のようになります。

$$u = -\frac{\partial \varphi}{\partial y} = -\frac{\partial(\alpha x^2 - \alpha y^2)}{\partial y} = 2\alpha y, \quad v = \frac{\partial \varphi}{\partial x} = \frac{\partial(\alpha x^2 - \alpha y^2)}{\partial x} = 2\alpha x \tag{2}$$

となります。ここで，流線の形を求めると式（3）のようになります。

$$\frac{dx}{u} = \frac{dy}{v} \Leftrightarrow \frac{dx}{2\alpha y} = \frac{dy}{2\alpha x} \Leftrightarrow \frac{dx}{dy} = \frac{y}{x} \Leftrightarrow x^2 - y^2 = \text{const.} \tag{3}$$

よって，この流れ関数を持つ流れ場は**解図 4.5**のように示すことができます。

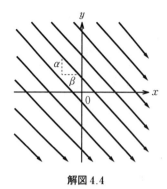

解図 4.4　　　　　　　　　　解図 4.5

（3）　$\varphi = \alpha x^2 + \beta y^2$

最初に，ラプラスの方程式を用いて完全流体か否かを判定します。

$$\frac{\partial^2(\alpha x^2 + \beta y^2)}{\partial x^2} + \frac{\partial^2(\alpha x^2 + \beta y^2)}{\partial y^2} = \alpha + \beta$$

よって，$\alpha + \beta \neq 0$ の場合には不完全流体であり，$\alpha + \beta = 0$ を満たす場合に，完全流体であることがわかります。ここで，$\alpha = -\beta$ の場合には，前問（2）と同様の流速分布を持つ完全流体であるということがわかります。

（4）　$\varphi = \alpha x^2 y + \beta y^2 x$

ラプラスの方程式を用いて，完全流体の判定を行います。

$$\frac{\partial^2(\alpha x^2 y + \beta y^2 x)}{\partial x^2} + \frac{\partial^2(\alpha x^2 y + \beta y^2 x)}{\partial y^2} = 2\alpha y + 2\beta x$$

完全流体の場合には，$2\alpha y + 2\beta x = 0$ を満たす必要がありますが，α，β がそれぞれ実数であることを考慮すると，この関係を満たすことはできないため，完全流体ではないと判定できます。

【4.3】（1）　$f(z) = U_r e^{-i\alpha} z$

複素速度ポテンシャル関数が与えられた場合には，式 (4.31) を用いて，微分すると式（1）のようになります。

$$\frac{\partial f(z)}{\partial z} = \frac{U_r e^{-i\alpha} z}{\partial z} = U_r e^{-i\alpha} = U_r e(\cos\alpha - i\sin\alpha)$$
$$= u - vi \quad (1)$$

したがって，x，y 方向に分離して考えると，式（2）のようになります。

$$u = U_r \cos\alpha, \qquad v = U_r \sin\alpha \quad (2)$$

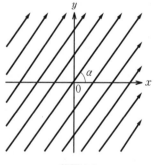

解図 4.6

解図 4.6 に示すように，α だけ傾いた一様流速場が形成されていることがわかります。

（2）　$f(z) = Az^2$

最初に，極座標を用いて数式の意味を理解します。$z = re^{i\theta}$ とすると

$$f(z) = Ar^2 e^{2i\theta} = Ar^2(\cos 2\theta + i\sin 2\theta) \quad (1)$$

というような複素速度成分で構成されていることがわかります。ここで，複素速度ポテンシャルにおけるポテンシャル関数と流れ関数に関する式（2）を用います。

$$f(z) = \Phi + \varphi i \quad (2)$$

これを用いると，ポテンシャル関数と流れ関数は式（3）のように表すことができます。
$$\varPhi = Ar^2(\cos 2\theta), \qquad \varphi = Ar^2(\sin 2\theta) \tag{3}$$
この式をもとにして，どのような流体場を持つのか考えてみようと思います。ここで，流れ関数が0となる場合には
$$\varphi = Ar^2(\sin 2\theta) = 0 \iff \theta = k\pi/2 \quad (k=0, \pm 1, \pm 2, \pm 3, \cdots) \tag{4}$$
また，極座標系を x, y 座標軸に変換するためには，式（5）の関係式を用います。
$$x + iy = z = re^{i\theta} = r(\cos\theta + i\sin\theta) \iff x = r(\cos\theta), \quad y = r(\sin\theta) \tag{5}$$
よって，式（4）は式（6）のようになります。
$$\varphi = Ar^2(\sin 2\theta) = 2Ar^2 \sin\theta\cos\theta = 2Axy \tag{6}$$
つぎに，等ポテンシャル線を考えると，式（7）のように導くことができます。
$$\varPhi = Ar^2(\cos 2\theta) = 2Ar^2(\cos^2\theta - \sin^2\theta) = 2A(x^2 - y^2) \tag{7}$$
これらの式の意味を考えると，原点から $\theta = k\pi/2$ を満たす放射線が伸びていることを示しています。つぎに，流線の向きと強さを求めます。円周方向の速度成分 v_θ は式（8）のようになります。

$$v_\theta = \frac{1}{r}\frac{\partial \varPhi}{\partial \theta} = \frac{Ar^2}{r}\frac{\partial(\sin 2\theta)}{\partial \theta} = 2Ar(\cos 2\theta)$$
$$= 2Ar^{-1}(x^2 - y^2) \tag{8}$$

つぎに，動径方向の速度成分 v_r を求めると式（9）のようになります。
$$v_r = \frac{\partial \varPhi}{\partial r} = \frac{\partial(Ar^2(\sin 2\theta))}{\partial r} = 2Ar(\sin 2\theta) = 2Ar^{-1}(xy) \tag{9}$$

したがって，原点から離れるほど速さが増加する流速場が発生していることになります。これらの関係を図に示すと**解図 4.7** のようになります。

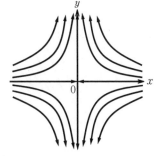

解図 4.7

（3） $f(z) = Az^{3/4}$

最初に，極座標を用いて数式の意味を理解します。$z = re^{i\theta}$ とすると，式（1）のようになります。
$$f(z) = Az^{3/4} = Ar^{3/4}e^{3i\theta/4} = Ar^{3/4}\left(\cos\frac{3\theta}{4} + i\sin\frac{3\theta}{4}\right) \tag{1}$$
前問（2）と同様にして，複素速度ポテンシャルにおけるポテンシャル関数と流れ関数に関する式（2）を用います。
$$f(z) = \varPhi + \varphi i \tag{2}$$
これを用いると式（3）のように求めることができます。
$$\varPhi = Ar^{3/4}\left(\cos\frac{3\theta}{4}\right), \qquad \varphi = Ar^{3/4}\left(\sin\frac{3\theta}{4}\right) \tag{3}$$
つぎに，流線の向きと強さを求めます。円周方向の速度成分 v_θ は式（4）のようになります。
$$v_\theta = \frac{1}{r}\frac{\partial \varPhi}{\partial \theta} = \frac{Ar^{3/4}}{r}\frac{\partial(\cos 3\theta/4)}{\partial \theta} = \frac{3}{4}Ar^{-1/4}(\sin 3\theta/4) \tag{4}$$
また，動径方向の速度成分 v_r を求めると，式（5）のようになります。

$$v_r = \frac{\partial \Phi}{\partial r} = \frac{\partial (Ar^{3/4}(\cos 3\theta/4))}{\partial r} = \frac{3}{4}Ar^{-1/4}(\cos 3\theta/4) \tag{5}$$

これらの式をもとにして，どのような流体場を持つのか考えてみます．ここで，流れ関数が0となる場合には

$$\varphi = Ar^{3/4}(\sin 3\theta/4) = 0 \quad \Leftrightarrow \quad \theta = 4k\pi/3 \quad (k=0, \pm 1, \pm 2, \cdots) \tag{6}$$

となります．この意味は，原点から$\theta = 4k\pi/3$を満たす放射線が伸びていることを示しています．つぎに，等ポテンシャル線を考えます．

$$\Phi = Ar^{3/4}(\cos 3\theta/4) \tag{7}$$

この等ポテンシャル線と流れ関数を考えると，$k=6(n-1)+0\sim 2$の場合（**解図4.8（a）**）と$k=6(n-1)+3\sim 5$の場合（解図（b））に分けることができます（ここに，nは整数）．

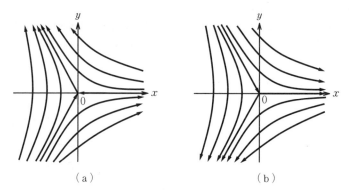

解図4.8

（4） $f(z) = k\log[(z-\alpha)/(z+\alpha)]$

この複素速度ポテンシャル関数を考える際には，$f(z) = n\log(z)$を用いると湧出し，吸込みを表すことができることを思い出す必要があります．つぎに，簡便な表記を目的として，式（1）のような極座標を考えます．

$$z - \alpha = r_- e^{-i\theta_-}, \quad z + \alpha = r_+ e^{i\theta_+} \tag{1}$$

式（1）を用いて，関数$f(z)$を書き直すと式（2）のようになります．

$$f(z) = k\log\frac{r_- e^{-i\theta_-}}{r_+ e^{i\theta_+}} = k\left\{\log\frac{r_-}{r_+} + i(\theta_- - \theta_+)\right\} \tag{2}$$

したがって

$$\Phi = k\log\frac{r_-}{r_+}, \quad \varphi = k(\theta_- - \theta_+) = k\theta \tag{3}$$

これによって，x座標上のαと$-\alpha$の位置から，湧出しと吸込みが発生していることがわかります．これを図示すると**解図4.9**のようになります．

解図4.9

（5） $f(z) = U\left[ze^{-i\alpha} + \frac{e^{i\alpha}}{z}\right]$

複素速度ポテンシャル関数によって表される流れ場は，加算や減算することができます．ここ

で式の意味を考えると，$f(z) = Uze^{-i\alpha}$ および $f(z) = Ue^{i\alpha}/z$ の和となります．$f(z) = Uze^{-i\alpha}$ は，問【4.3】（1）より角度 α の一様な流れであることがわかります．つぎに，$f(z) = Ue^{i\alpha}/z$ を考えます．これは，二重湧出しと呼ばれる流線を表しています．二重湧出しの導出方法は，以下のようになります．

まず，原点 $z = 0$ に強さ k の湧出しがあると考えます．つぎに，点 $z_0 = Ae^{i\alpha}$ に強さ k の吸込みがあると考えます．すると，複素速度ポテンシャルは次式のようになります．

$$f = k\{\log(z) - \log(z - z_0)\} = k\log\left\{\frac{1}{1 - \frac{z_0}{z}}\right\} \quad (1)$$

ここで，湧出しの位置と吸込みの位置を限りなく近づけることを考えます．最初に点 z_0 を原点に近づけます．さらに，湧出しの強度を大きくする（$kA \to \mu$）とすると式（2）が成立します．

$$f = -k\left\{\frac{z_0}{z} + \frac{1}{2}\left(\frac{z_0}{z}\right)^2 + \cdots\right\} = \frac{-kz_0}{z}\left\{1 + O\left(\frac{z_0}{z}\right)\right\} \quad (2)$$

これの極限（$kA \to U$）をとると次式が成立します．

$$f = \frac{-Ue^{i\alpha}}{z} \quad (3)$$

よって，$f(z) = Ue^{i\alpha}/z$ が二重湧出しを表現していることがわかりました．

ここで，より具体的に，複素速度ポテンシャル関数を分析していこうと思います．極座標系 $z = re^{i\theta}$ において，関数 $f(z)$ を考えると式（4）のようになります．

$$f(z) = U\left[ze^{-i\alpha} + \frac{e^{i\alpha}}{z}\right] = U[re^{i\theta}e^{-i\alpha} + re^{-i\theta}e^{i\alpha}]$$
$$= Ur[\cos(\theta - \alpha) + i\sin(\theta - \alpha) + \cos(-\theta + \alpha) + i\sin(-\theta + \alpha)] = 2Ur\cos(\theta - \alpha) \quad (4)$$

つぎに，流線の向きと強さを求めます．円周方向の速度成分 v_θ は式（5）のようになります．

$$v_\theta = \frac{1}{r}\frac{\partial \Phi}{\partial \theta} = \frac{2Ur}{r}\frac{\partial(\cos(\theta - \alpha))}{\partial \theta} = -2U(\sin(\theta - \alpha)) \quad (5)$$

そして，動径方向の速度成分 v_r を求めると，式（6）のようになります．

$$v_r = \frac{\partial \Phi}{\partial r} = \frac{\partial(2Ur\cos(\theta - \alpha))}{\partial r} = 2U(\cos(\theta - \alpha)) \quad (6)$$

これらを合わせて考えると，x 軸より α だけ傾いている一様な流れ場と二重湧出しの加算によって表現されるため，**解図 4.10** のような流線を示すことができます．

■5章

【5.1】 連続式より，各点の流速を求めます．

$$0.140 = \frac{\pi}{4}d^2v$$

$$v_A = \frac{0.140}{(\pi/4) \times 0.2^2} = 4.46 \text{ m/s}$$

$$v_B = \frac{0.140}{(\pi/4) \times 0.18^2} = 5.50 \text{ m/s}$$

$$v_C = \frac{0.140}{(\pi/4) \times 0.24^2} = 3.09 \text{ m/s}$$

圧力水頭を求めます．点Aと点Bにベルヌイの定理を

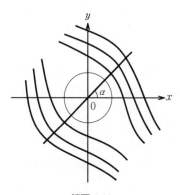

解図 4.10

適用すると

$$\frac{p_B}{w} = \left(\frac{v_A^2}{2g} + \frac{p_A}{w}\right) - \left(\frac{v_B^2}{2g} + z_B\right) = \left(\frac{4.46^2}{2 \times 9.8} + \frac{32.0 \times 1\,000}{1\,000 \times 9.8}\right) - \left(\frac{5.50^2}{2 \times 9.8} + 0.3\right) = 2.44\,\mathrm{m}$$

点Bと点Cにベルヌイの定理を適用すると

$$\frac{p_C}{w} = \left(\frac{v_B^2}{2g} + \frac{p_B}{w}\right) - \left(\frac{v_C^2}{2g} + z_C\right) = 3.09\,\mathrm{m}$$

となります。計算する際に，$1\,\mathrm{kN/m^2} = 1\,000\,\mathrm{N/m^2}$，$w = \rho g = 1\,000\,\mathrm{kg/m^3} \times 9.8\,\mathrm{m/s^2} = 1\,000 \times 9.8\,\mathrm{N/m^3}$ であることに注意してください。

【5.2】 レイノルズ応力は，流速 u, v を平均値 $\bar{u}$, $\bar{v}$ と変動値 u', v' の和として

$$u = \bar{u} + u', \qquad v = \bar{v} + v'$$

と表示したとき，$-\rho\overline{u'^2}$, $-\rho\overline{v'^2}$, $-\rho\overline{u'v'}$ として表されます。表の値から計算すると，平均値はそれぞれ

$$\bar{u} = 5.88\,\mathrm{cm/s}, \qquad \bar{v} = 0.00\,\mathrm{cm/s}$$

です。したがって，変動値は**解表 5.1** にまとめたとおりになります。

解表 5.1

時間 [s]	0	0.1	0.2	0.3	0.4	0.5	0.6	0.7	0.8	0.9
u' [cm/s]	-0.08	0.24	-0.50	-0.81	0.14	0.00	0.27	0.13	0.27	0.34
v' [cm/s]	0.05	-0.04	-0.10	-0.04	-0.02	0.10	0.03	0.06	0.02	-0.06

したがって，$\rho = 1.00\,\mathrm{g/cm^2}$ とすると

$$-\rho\overline{u'^2} = -1.27 \times 10^{-1}\,\mathrm{g/(cm \cdot s^2)}$$
$$-\rho\overline{v'^2} = -3.46 \times 10^{-3}\,\mathrm{g/(cm \cdot s^2)}$$
$$-\rho\overline{u'v'} = -6.69 \times 10^{-3}\,\mathrm{g/(cm \cdot s^2)}$$

となります。

レイノルズ応力を平均流速の勾配と結びつける代表的なモデルとしては，ブシネスクの渦粘性理論とプラントルの混合距離理論があります。ブシネスクの渦粘性理論より

$$-\rho\overline{u'v'} = \eta \frac{\partial \bar{u}}{\partial y} = \rho\epsilon \frac{\partial \bar{u}}{\partial y}$$

と表せるため，渦動粘性係数 ϵ は

$$\epsilon = 0.019\,\mathrm{cm^2/s}$$

となります。また，プラントルの混合距離理論より

$$-\rho\overline{u'v'} = \rho l^2 \left|\frac{\partial \bar{u}}{\partial y}\right| \frac{\partial \bar{u}}{\partial y}$$

と表せるため，混合距離 l は 0.23 cm となります。

【5.3】 流れが層流の場合，流速は放物線分布になりますので，流れが乱流の場合を対象とします。乱流の場合には，壁面から十分に離れた場所では，粘性によるせん断応力は乱れによるせん断応力に比べて無視できるので

$$\tau = -\rho\overline{u'w'}$$

となります。また，レイノルズ応力はプラントルの混合距離 l を用いて表示すると，次式のようになります。

$$\tau = -\overline{\rho u'w'} = \rho l^2 \left|\frac{\partial \overline{u}}{\partial z}\right| \frac{\partial \overline{u}}{\partial z} \tag{1}$$

ここで，$l = \kappa z$ の関係を適用すると，式（1）は次式のように書き換えることができます．

$$\tau = -\overline{\rho u'w'} = \rho \kappa^2 z^2 \left(\frac{\partial \overline{u}}{\partial z}\right)^2 \tag{2}$$

さらに，摩擦速度 $u^* = \sqrt{\tau/\rho}$ を用いて式（2）を変形すると

$$\frac{1}{u^*}\frac{\partial \overline{u}}{\partial z} = \frac{1}{\kappa z}$$

となるので，これを積分すると次式が得られます．

$$\frac{\overline{u}(z)}{u^*} = \frac{1}{\kappa}\ln z + C$$

これが流速の対数分布則です．滑面，粗面それぞれに対して実験から導かれた定数を用い，自然対数を常用対数に書き換えれば，第5章で示した乱流の流速分布を表す式（式（5.44），（5.45））が求められます．

なめらかな円管では，壁面のごく近傍に粘性の影響が卓越する層（粘性底層）が形成され，上記の対数分布則が適用されるのは粘性底層の外側の流れに対してのみです．そのため，速度分布を描くには粘性底層の内と外で別々の式を用いる必要があります．実験結果より，粘性底層の厚み δ は以下の式で求められますので，例えば水温を20℃（動粘性係数 $\nu = 0.01\,\mathrm{cm^2/s}$）とすれば

$$\delta = 11.6\frac{\nu}{u^*} = 11.6 \times \frac{0.01}{\sqrt{23}} = 0.024\,\mathrm{cm}$$

が得られます．したがって，滑面の場合，流速分布は式（3），（4）のように表されます．

粘性底層（$z < \delta$）：$\quad \dfrac{\overline{u}(z)}{u^*} = \dfrac{u^* z}{\nu}$ (3)

乱流領域（$z > \delta$）：$\quad \dfrac{\overline{u}(z)}{u^*} = 5.5 + 5.75\log_{10}\dfrac{u^* z}{\nu}$ (4)

それぞれに値を代入して作図すると，**解図5.1** が得られます．解図（a）のグラフは，目盛りを両対数で描いたもの，解図（b）のグラフ（解図（c）に粘性低層近くの拡大図を載せています）は通常の目盛りを用いて描きました．

【5.4】 $k_s = 0.03\,\mathrm{cm}$ から相対粗度を求めると

$$\frac{k_s}{D} = \frac{0.03}{20.0} = 0.0015$$

となります．一方，ベルヌイの定理を二つのオイルタンク間に適用すると，平均流速 v は次式で表されます．

$$v = \sqrt{\frac{2g\Delta H}{f}\frac{D}{L}}$$

ここで摩擦損失係数 f を仮定すれば，平均流速が計算できます．例えば，$f_0 = 0.010$ を仮定すると（はじめの仮定ということで，0を下付き添え字で付けています）

$$v = \sqrt{\frac{2 \times 9.8 \times 5}{0.010}\frac{0.2}{120}} = 4.04\,\mathrm{m/s}$$

が得られます．この値を用いてレイノルズ数を計算すると

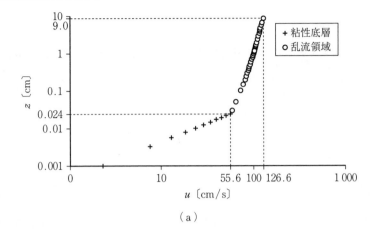

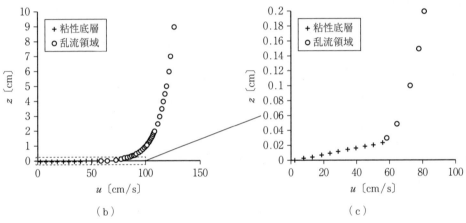

解図 5.1

$$Re = \frac{vD}{\nu} = \frac{4.04 \times 0.020}{10^{-5}} = 8.1 \times 10^4$$

となります。このレイノルズ数と，先ほど求めた相対粗度から，ムーディー図を用いて摩擦損失係数 f を確認すると，0.025 であることがわかります。先に仮定したのは 0.010 であるため，この仮定は「正しくない」と判断されます。つぎに，$f_1 = 0.025$ を仮定して同様の計算を繰り返すと

$$v = 2.56 \, \text{m/s}, \quad Re = 5.1 \times 10^4$$

となります。再度ムーディー図から，摩擦損失係数 f を確認すると，0.026 であることがわかります。仮定した値とほとんど同じ値になりました。$f_2 = 0.026$ として再度同じ手順を繰り返すと，0.026 の摩擦損失係数を確かに得ることができます。このように，摩擦損失係数を求める問題では，ときとして繰返し計算を行う必要が出てきます。

本問では最終的に $f = 0.026$ となりましたので，このときの流量 Q は

$$Q = v\pi \frac{D^2}{4} = 0.079 \, \text{m}^3/\text{s}$$

となります。

【5.5】 鋳鉄管のマニングの粗度係数 $n = 0.012 \, \text{m}^{-1/3}/\text{s}$ とすると，摩擦損失係数は

$$f=\frac{8gn^2}{R^{1/3}}=\frac{12.7gn^2}{D^{1/3}}=0.031$$

となります。ムーディー図やコールブルク式と違い,直接的に摩擦損失係数を求めることができます。ここから

$$v=\sqrt{\frac{2g\Delta H}{f}\frac{D}{L}}=\sqrt{\frac{2\times 9.8\times 5}{0.031}\frac{0.2}{120}}=2.30\,\mathrm{m/s}$$

$$Q=0.072\,\mathrm{m^3/s}$$

となります。前問【5.4】の結果と値が異なりますが,これはマニングの式がムーディー図における完全乱流域においてのみよい精度を持つため,本問のような完全乱流域外を対象とした場合には誤差が生じてしまいます。

【5.6】 水槽Aの水面と水槽Cの水面,水槽Aの水面と点B(屈折直後)にそれぞれベルヌイの定理を適用すると

$$10+\Delta H=10+\left(K_\mathrm{e}+K_\mathrm{b}+K_\mathrm{o}+f\frac{l_1+l_2}{D}\right)\frac{v^2}{2g} \tag{1}$$

$$10+\Delta H=10+\Delta H+\Delta Z+\frac{p_\mathrm{B}}{\rho g}+\left(\alpha+K_\mathrm{e}+K_\mathrm{b}+f\frac{l_1}{D}\right)\frac{v^2}{2g} \tag{2}$$

となります。ここで,l_1, l_2 はそれぞれAB間の距離,BC間の距離を表します。また,管路の摩擦係数 f はマニングの粗度係数が与えられていることから

$$f=\frac{8gn^2}{R^{1/3}}=\frac{12.7gn^2}{D^{1/3}}=0.026\,8$$

と計算できます。式(2)より,流量 Q が最大,すなわち流速 v が最大になるのは $p_\mathrm{B}/\rho g$ が最小となるときであることがわかります。したがって,最大流速 v_max は次式で表されます。

$$v_\mathrm{max}=\sqrt{\frac{2g(-\Delta Z-(p/\rho g)_\mathrm{min})}{\alpha+K_\mathrm{e}+K_\mathrm{b}+f(l_1/D)}}=7.2\,\mathrm{m/s}$$

式(1)より,このときの水位差 ΔH_max は

$$\Delta H_\mathrm{max}=\frac{v^2}{2g}(K_\mathrm{e}+K_\mathrm{b}+K_\mathrm{o}+f(l_1+l_2)/D)=15.9\,\mathrm{m}$$

であり,流量 Q_max は

$$Q_\mathrm{max}=\frac{\pi D^2}{4}v_\mathrm{max}=0.50\,\mathrm{m^3/s}$$

です。

【5.7】 急拡による損失係数 K_se は,次式により計算できます。

$$K_\mathrm{se}=\left(1-\frac{A_1}{A_2}\right)^2=0.19$$

各区間での摩擦損失係数 f_1, f_2, f_3 はそれぞれ

$$f_1=f_3=\frac{8gn^2}{\sqrt[3]{D_1/4}}=0.026\,8$$

$$f_2=\frac{8gn^2}{\sqrt[3]{D_2/4}}=0.024\,3$$

です。

点Aと点Fにベルヌイの定理を適用すると

$$\Delta H = \left(K_e + K_{se} + f_1 \frac{l_1}{D_1}\right)\frac{v_1^2}{2g} + f_2 \frac{l_2}{D_2}\frac{v_2^2}{2g} + \left(K_{sc} + K_o + f_3 \frac{l_3}{D_3}\right)\frac{v_3^2}{2g}$$

となります。連続式より

$$v_2 = \left(\frac{D_1}{D_2}\right)^2 v_1$$

$$v_3 = \left(\frac{D_1}{D_3}\right)^2 v_1$$

であるから，ベルヌイの定理の式は次式のようになります。

$$\Delta H = \left(K_e + K_{se} + f_1 \frac{l_1}{D_1} + f_2 \frac{l_2}{D_2}\left(\frac{D_1}{D_2}\right)^4 + \left(K_{sc} + K_o + f_3 \frac{l_3}{D_3}\right)\left(\frac{D_1}{D_3}\right)^4\right)\frac{v_1^2}{2g}$$

したがって，各区間での流速および流量は次式のようになります。

$$v_1 = v_3 = \sqrt{\frac{2g\Delta H}{K_e + f_1(l_1/D_1) + K_{se} + f_2(l_2/D_2)(D_1/D_2)^4 + \{K_{sc} + f_3(l_3/D_3) + K_o\}(D_1/D_3)^4}}$$
$$= 4.77 \text{ m/s}$$

$$v_2 = \left(\frac{D_1}{D_2}\right)^2 v_1 = 2.68 \text{ m/s}$$

$$Q = 0.34 \text{ m}^3/\text{s}$$

A，B，C，D，E，F 各点での全水頭，ピエゾ水頭を求めると**解表**5.2 のようになります。これを図示すると**解図**5.2 のようになります（動水勾配線はつねに下がらないことに留意）。

解表5.2　各点での損失水頭，全水頭，速度水頭，ピエゾ水頭
（エネルギー補正係数を考慮）

	A	B	C−	C+	D−	D+	E	F
損失水頭		0.348	20.700	0.222	1.116	0.464	25.87	1.276
全水頭	50.00	49.65	28.95	28.73	27.61	27.15	1.28	0
速度水頭	0	1.28	1.28	0.40	0.40	1.28	1.28	0
ピエゾ水頭	50.00	48.38	27.68	28.33	27.21	25.87	0.00	0

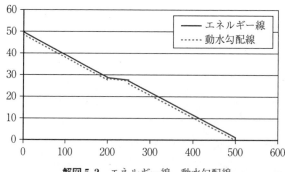

解図5.2　エネルギー線，動水勾配線

【5.8】 貯水池 A，B，C の水位をそれぞれ H_A，H_B，H_C とし，合流点での全水頭を h_j とします。流れが合流であると仮定して，計算を進めて行きます。それぞれの管路にベルヌイの定理を適用し，連続式も求めると，式（1）〜（4）が得られます。

$$H_{\mathrm{A}} - h_{\mathrm{j}} = \left(K_{\mathrm{e}} + f_1 \frac{L_1}{D_1}\right) \frac{1}{2g} \left(\frac{Q_1}{\pi D_1^2/4}\right)^2 = k_{\mathrm{A}} Q_1^2 \tag{1}$$

$$h_{\mathrm{j}} - H_{\mathrm{C}} = \left(K_{\mathrm{o}} + f_2 \frac{L_2}{D_2}\right) \frac{1}{2g} \left(\frac{Q_2}{\pi D_2^2/4}\right)^2 = k_{\mathrm{C}} Q_2^2 \tag{2}$$

$$H_{\mathrm{B}} - h_{\mathrm{j}} = \left(K_{\mathrm{e}} + f_3 \frac{L_3}{D_3}\right) \frac{1}{2g} \left(\frac{Q_3}{\pi D_3^2/4}\right)^2 = k_{\mathrm{B}} Q_3^2 \tag{3}$$

$$Q_1 + Q_3 = Q_2 \tag{4}$$

四つの式に対して,未知数も四つ(Q_1, Q_2, Q_3, h_{j})なので,上式を用いて各管路における流量を求めることができます。式(1)〜(3)からh_{j}を消去すると

$$H_{\mathrm{A}} - H_{\mathrm{C}} = k_{\mathrm{A}} Q_1^2 + k_{\mathrm{C}} Q_2^2 \tag{5}$$

$$H_{\mathrm{A}} - H_{\mathrm{B}} = k_{\mathrm{A}} Q_1^2 - k_{\mathrm{B}} Q_3^2 \tag{6}$$

となります。式(4)を用いて式(6)からQ_3を消去すると

$$H_{\mathrm{A}} - H_{\mathrm{B}} = k_{\mathrm{A}} Q_1^2 - k_{\mathrm{B}} (Q_2 - Q_1)^2 \tag{7}$$

となります。式(5)/式(7)より

$$\frac{H_{\mathrm{A}} - H_{\mathrm{C}}}{H_{\mathrm{A}} - H_{\mathrm{B}}} = \frac{k_{\mathrm{A}} Q_1^2 + k_{\mathrm{C}} Q_2^2}{k_{\mathrm{A}} Q_1^2 - k_{\mathrm{B}} (Q_2 - Q_1)^2} \tag{8}$$

となりますので,右辺の分子・分母をQ_1^2で割ると

$$\frac{H_{\mathrm{A}} - H_{\mathrm{C}}}{H_{\mathrm{A}} - H_{\mathrm{B}}} = \frac{k_{\mathrm{A}} + k_{\mathrm{C}} (Q_2/Q_1)^2}{k_{\mathrm{A}} - k_{\mathrm{B}} (Q_2/Q_1 - 1)^2} \tag{9}$$

が得られる。$Q_2/Q_1 = \alpha$ とおくと

$$\{(H_{\mathrm{A}} - H_{\mathrm{B}})k_{\mathrm{C}} + (H_{\mathrm{A}} - H_{\mathrm{C}})k_{\mathrm{B}}\}\alpha^2 - 2(H_{\mathrm{A}} - H_{\mathrm{C}})k_{\mathrm{B}}\alpha + (H_{\mathrm{A}} - H_{\mathrm{B}})k_{\mathrm{A}} + (H_{\mathrm{A}} - H_{\mathrm{C}})(k_{\mathrm{B}} - k_{\mathrm{A}}) = 0 \tag{10}$$

となり,$\alpha > 1$ であることから

$$\alpha = 1.722 \tag{11}$$

となります。したがって,求める流量はそれぞれ式(12)〜(14)のようになります。

$$Q_1 = \sqrt{(H_{\mathrm{A}} - H_{\mathrm{C}})/(k_{\mathrm{A}} + k_{\mathrm{C}} \alpha^2)} = 0.154 \, \mathrm{m^3/s} \tag{12}$$

$$Q_2 = \alpha Q_1 = 0.266 \, \mathrm{m^3/s} \tag{13}$$

$$Q_3 = Q_2 - Q_1 = 0.111 \, \mathrm{m^3/s} \tag{14}$$

得られた流量は式(1)〜(4)を満たしますし,流れの分岐の仮定も満たしています。なお,本問を解くためのExcelファイルは本書のサポートページからダウンロードできます。

【5.9】 ハーディ・クロス法を用いて管網の流量 $Q_1 \sim Q_5$ を求めていきます。まず,**解図5.3**のように管路の各点をA〜Dとし,各点における連続式を立てると

A: $q_1 = Q_1 + Q_3$
B: $Q_1 = Q_2 + Q_4 + q_2$
C: $Q_4 + Q_5 = q_4$
D: $Q_2 + Q_3 = Q_5 + q_3$

となりますので,これらを満たすような初期流量 $Q_2^{(0)} \sim Q_5^{(0)}$ を仮定します。これらの仮定した値を用いて,各管路の損失水頭 $h_{li}^{(0)}$ を計算し,各閉回路について和を求めます。摩擦以外の損失は無視できることから各管路における損失水頭は

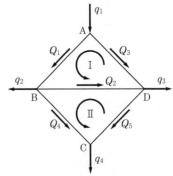

解図5.3 管網の各点と流れの向き

$$h_{li} = f_i \frac{L_i}{D_i} \frac{1}{2g} \left(\frac{Q_i}{\pi D_i^2/4} \right)^2 = k_i Q_i^2$$

として計算できます。和が0にならないときは $Q_i^{(0)}$ を ΔQ_i だけ補正し，各管路内の流量を $Q_i^{(1)} = Q_i^{(0)} + \Delta Q_i$ として仮定し直します。このとき，ΔQ は次式で求められます。

$$\Delta Q = -\frac{\sum_i h_{li}^{(0)}}{2\sum_i k_i Q_i^{(0)}}$$

流量 Q と損失水頭 h_l は反時計回りを正とします。また，二つの閉回路に関係する管路（この管網では Q_2）については，隣接する回路の ΔQ は符号を変えて加えます。このようにして ΔQ を用いて順次補正し，各閉回路内の損失水頭の和が0となる解を求めます。

解表5.3に，最初の流量を $Q_1 = 0.80\,\mathrm{m^3/s}$, $Q_2 = 0.05\,\mathrm{m^3/s}$, $Q_3 = 0.40\,\mathrm{m^3/s}$, $Q_4 = 0.35\,\mathrm{m^3/s}$, $Q_5 = 0.15\,\mathrm{m^3/s}$ と仮定し，第四次まで修正計算を行った結果を示します。第四次修正計算で補正量が0となり，求める答えは，$Q_1 = 0.818\,\mathrm{m^3/s}$, $Q_2 = 0.072\,\mathrm{m^3/s}$, $Q_3 = 0.382\,\mathrm{m^3/s}$, $Q_4 = 0.345\,\mathrm{m^3/s}$, $Q_5 = 0.1555\,\mathrm{m^3/s}$ であることがわかります。最初に仮定した値を変えても，修正計算を繰り返すことで同じ結果を得ることができます。なお，計算に用いたExcelファイルは，Web上の本書のサポートページからダウンロードすることができます。

解表5.3 管網の流量計算表

第一次修正計算

閉回路	管路番号	k_i	Q_i'	h_{li}'	$k_i Q_i'$	ΔQ	Q_i
I	①	98.2	0.800	62.87	78.58	0.018	0.818
	②	157.2	0.050	0.39	7.86	0.024	0.074
	③	455.6	−0.400	−72.90	182.24	0.018	−0.382
	合計			−9.64	268.68		
II	②	157.2	−0.050	−0.39	7.86	−0.024	−0.074
	④	98.2	0.350	12.03	34.38	−0.006	0.344
	⑤	455.6	−0.150	−10.25	68.34	−0.006	−0.156
	合計			1.39	110.58		

第二次修正計算

閉回路	管路番号	k_i	Q_i'	h_{li}'	$k_i Q_i'$	ΔQ	Q_i
I	①	98.2	0.818	65.72	80.35	0.000	0.818
	②	157.2	0.074	0.87	11.66	−0.002	0.072
	③	455.6	−0.382	−66.51	174.07	0.000	−0.382
	合計			0.08	266.08		
II	②	157.2	−0.074	−0.87	11.66	0.002	−0.072
	④	98.2	0.344	11.61	33.76	0.002	0.345
	⑤	455.6	−0.156	−11.13	71.20	0.002	−0.155
	合計			−0.39	116.63		

解表 5.3（続き）

第三次修正計算

閉回路	管路番号	k_i	Q_i'	h_{li}'	k_iQ_i'	ΔQ	Q_i
I	①	98.2	0.818	65.69	80.33	0.000	0.818
	②	157.2	0.072	0.82	11.38	0.000	0.072
	③	455.6	-0.382	-66.56	174.14	0.000	-0.382
	合計			-0.04	265.85		
II	②	157.2	-0.072	-0.82	11.38	0.000	-0.072
	④	98.2	0.345	11.72	33.93	0.000	0.345
	⑤	455.6	-0.155	-10.89	70.44	0.000	-0.155
	合計			0.00	115.75		

第四次修正計算

閉回路	管路番号	k_i	Q_i'	h_{li}'	k_iQ_i'	ΔQ	Q_i
I	①	98.2	0.818	65.71	80.34	0.000	0.818
	②	157.2	0.072	0.83	11.39	0.000	0.072
	③	455.6	-0.382	-66.53	174.10	0.000	-0.382
	合計			0.00	265.83		
II	②	157.2	-0.072	-0.83	11.39	0.000	-0.072
	④	98.2	0.345	11.72	33.93	0.000	0.345
	⑤	455.6	-0.155	-10.89	70.45	0.000	-0.155
	合計			0.00	115.77		

■ 6 章

【6.1】 台形断面水路の流水断面積 A，潤辺 S，径深 R は，次式のとおりです。

$$A = \frac{1}{2} \times \{(b+2mh)+b\} \times h = h(b+mh)$$

$$S = b + 2 \times \sqrt{h^2+(mh)^2} = b + 2h\sqrt{1+m^2}$$

$$R = \frac{A}{S} = \frac{h(b+mh)}{b+2h\sqrt{1+m^2}}$$

円形断面水路の流水断面積 A，潤辺 S，径深 R は，次式のとおりです。

$$A = \left\{\pi \times \left(\frac{d}{2}\right)^2 \times \frac{\theta}{2\pi}\right\} - \frac{1}{2} \times \frac{d}{2} \times \frac{d}{2} \sin\theta = \frac{d^2}{8}(\theta - \sin\theta)$$

$$S = \pi \times d \times \frac{\theta}{2\pi} = \frac{d\theta}{2}$$

$$R = \frac{A}{S} = \frac{d^2}{8}(\theta-\sin\theta) \times \frac{2}{d\theta} = \frac{d}{4}\left(1-\frac{\sin\theta}{\theta}\right)$$

【6.2】 流水断面積を A とすると，マニングの式より

$$Q = vA = \frac{A}{n}R^{2/3}i^{1/2} = \frac{Bh}{n}\left(\frac{Bh}{B+2h}\right)^{\frac{2}{3}}i^{1/2}$$

となるので，マニングの粗度係数 n は次式のように計算できます。

$$n = \frac{Bh}{Q}\left(\frac{Bh}{B+2h}\right)^{\frac{2}{3}} i^{1/2} = \frac{0.4 \times 0.025}{0.015} \times \left(\frac{0.4 \times 0.025}{0.4 + 2 \times 0.025}\right)^{\frac{2}{3}} \times 0.03^{1/2} = 0.0091 \ \text{s/m}^{1/3}$$

【6.3】 広幅長方形断面水路の流れとみなしたときの水深を $h_0^{(1)}$ とすると

$$h_0^{(1)} = \left(\frac{nQ}{B\sqrt{i}}\right)^{\frac{3}{5}} = \left(\frac{0.015 \times 30.0}{20.0 \times \sqrt{1/500}}\right)^{\frac{3}{5}} = 0.662 \ \text{m}$$

となります。この値から出発して，次式を用いて繰返し計算を行っていきます。

$$h_0^{(i+1)} = \left(\frac{nQ}{B\sqrt{i}}\right)^{\frac{3}{5}} \left(1 + \frac{2h_0^{(i)}}{B}\right)^{\frac{2}{5}}$$

$h_0^{(i)}$ と $h_0^{(i+1)}$ が求めたい位まで値が一致したら，計算を終了します。小数点第2位までの値が一致するまで計算を行うと

$$h_0^{(2)} = \left(\frac{nQ}{B\sqrt{i}}\right)^{\frac{3}{5}} \left(1 + \frac{2h_0^{(1)}}{B}\right)^{\frac{2}{5}} = 0.662 \times \left(1 + \frac{2 \times 0.662}{20.0}\right)^{\frac{2}{5}} = 0.679 \ \text{m}$$

$$h_0^{(3)} = \left(\frac{nQ}{B\sqrt{i}}\right)^{\frac{3}{5}} \left(1 + \frac{2h_0^{(2)}}{B}\right)^{\frac{2}{5}} = 0.662 \times \left(1 + \frac{2 \times 0.679}{20.0}\right)^{\frac{2}{5}} = 0.680 \ \text{m}$$

となり，$h_0 = 0.68 \ \text{m}$ であることがわかります。ここでは，繰返し計算の最初の値として広幅長方形断面水路の流れとみなしたときの水深を用いましたが，ほかの適当な値から計算を始めても構いません。表計算ソフトなどを用いて，ほかの値から始めても同じ結果が得られることを確認してみてください。

【6.4】（1）潤辺を S とすると，マニングの式より，流量 Q は次式で表されます。

$$Q = \frac{A}{n} R^{2/3} i^{1/2} = \frac{A}{n} \left(\frac{A}{S}\right)^{\frac{2}{3}} i^{1/2} = \frac{A^{5/3} i^{1/2}}{n S^{2/3}}$$

この式より，i，A，n が与えられているとき，流量 Q を最大にするためには，潤辺 S を最小にすればよいことがわかります。

（2）断面が長方形で流水断面積 A が与えられているとき，潤辺 S は次式のように水深 h の関数で表されます。

$$S = B + 2h = \frac{A}{h} + 2h$$

この式より，S が最小になるのは，$dS/dh = 0$ のときであることがわかります。

$$\frac{dS}{dh} = -\frac{A}{h^2} + 2$$

であるので，$dS/dh = 0$ のとき

$$-\frac{A}{h^2} + 2 = 0$$

$$A = 2h^2$$

となり，水路幅 B と水深 h の関係として次式が得られます。

$$B = 2h$$

【6.5】 それぞれの水深に対応する値を計算すると，**解表**6.1のようになります。さらに，得られた水深と比エネルギーの関係をプロットすると，**解図**6.1のような比エネルギー図が得られます。

比エネルギー図を見ると，水深が 5.000 m と 0.531 m の組み合わせと，3.000 m と 0.726 m の組み合わせは，比エネルギーがほぼ等しくなっており，交代水深の関係にあることがわかります。それぞれの組み合わせで，水深が大きいほうはフルード数が1より小さい常流，水深が小さいほ

解表 6.1

水深 h [m]	流水断面積 A [m²]	流速 v [m/s]	速度水頭 $v^2/2g$ [m]	比エネルギー E [m]	フルード数 Fr
5.000	5.000	1.000	0.051	5.051	0.143
3.000	3.000	1.667	0.142	3.142	0.307
2.000	2.000	2.500	0.319	2.319	0.564
1.366	1.366	3.660	0.683	2.049	1.000
1.000	1.000	5.000	1.274	2.274	1.596
0.726	0.726	6.887	2.418	3.144	2.581
0.600	0.600	8.333	3.539	4.139	3.435
0.531	0.531	9.416	4.519	5.050	4.126

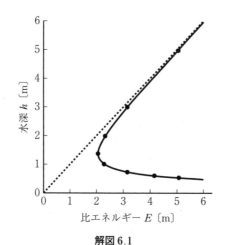

解図 6.1

うはフルード数が1より大きい射流になっています。また，水深が1.366 m のときには，比エネルギーが最小でフルード数が1になっていることから，この水深が限界水深であり，この値を境に常流と射流に分けられることがわかります。

【6.6】 段差の上流側の流れの断面平均流速を v_1 とすると，比エネルギー E_1 は

$$E_1 = \frac{v_1^2}{2g} + h_1 = \frac{Q^2}{2gB^2 h_1^2} + h_1 \tag{1}$$

と表されます。式（1）を整理すると，式（2）のような h_1 の3次方程式が得られます。

$$h_1^3 - E_1 h_1^2 + \frac{Q^2}{2gB^2} = 0 \tag{2}$$

与えられている値をこの式に代入して解くと，$h_1 = 0.44$ m，1.40 m という解が得られ，大きいほうの値（1.40 m）が常流の場合の水深，小さいほうの値（0.44 m）が射流の場合の水深となることがわかります（それぞれの水深についてフルード数を計算し，常流と射流と判定できることを確かめてください）。

段差の下流側の比エネルギー E_2 は，段差の高さ d の分だけ大きくなり，$E_2 = 1.80$ m となります。比エネルギー E_2 は

$$E_2 = \frac{Q^2}{2gB^2h_2^2} + h_2 \tag{3}$$

と表され，式（3）を整理すると，式（4）のような h_2 の3次方程式が得られます．

$$h_2^3 - E_2 h_2^2 + \frac{Q^2}{2gB^2} = 0 \tag{4}$$

式（4）を解くと，$h_2 = 0.38\,\text{m}$，$1.73\,\text{m}$ という解が得られ，大きいほうの値（$1.73\,\text{m}$）が常流の場合の水深，小さいほうの値（$0.38\,\text{m}$）が射流の場合の水深となることがわかります．

以上の結果から，流れが常流の場合は，段差を下ると水面の位置が上がり（$0.30+1.40=1.70\,\text{m} \Rightarrow 1.73\,\text{m}$），流れが射流の場合は，段差を下ると水面の位置が下がる（$0.30+0.44=0.74\,\text{m} \Rightarrow 0.38\,\text{m}$）ことがわかります．

【6.7】（1）跳水の直前の断面における断面平均流速を v_1 とすると，この断面におけるフルード数 Fr_1 は，次式のように計算できます．

$$Fr_1 = \frac{v_1}{\sqrt{gh_1}} = \frac{Q}{Bh_1\sqrt{gh_1}} = \frac{5.00}{1.00 \times 0.40 \times \sqrt{9.81 \times 0.40}} = 6.31$$

共役水深の関係を表す式である

$$\frac{h_2}{h_1} = \frac{-1 + \sqrt{1 + 8Fr_1^2}}{2}$$

を用いると，跳水の直後の断面における水深 h_2 は，次式のように計算できます．

$$h_2 = \frac{-1 + \sqrt{1 + 8Fr_1^2}}{2} \times h_1 = \frac{-1 + \sqrt{1 + 8 \times 6.31^2}}{2} \times 0.40 = 3.38\,\text{m}$$

この断面におけるフルード数 Fr_2 は，次式のように計算できます．

$$Fr_2 = \frac{v_2}{\sqrt{gh_2}} = \frac{Q}{Bh_2\sqrt{gh_2}} = \frac{5.00}{1.00 \times 3.38 \times \sqrt{9.81 \times 3.38}} = 0.26$$

跳水の直後の断面ではフルード数が1より小さくなり，常流になっていることがわかります．

（2）跳水の前後の断面における比エネルギーをそれぞれ E_1 と E_1 とすると，これらは次式のように計算できます．

$$E_1 = h_1 + \frac{v_1^2}{2g} = h_1 + \frac{1}{2g}\left(\frac{Q}{Bh_1}\right)^2 = 0.40 + \frac{1}{2 \times 9.81} \times \left(\frac{5.00}{1.00 \times 0.40}\right)^2 = 8.36\,\text{m}$$

$$E_2 = h_2 + \frac{v_2^2}{2g} = h_2 + \frac{1}{2g}\left(\frac{Q}{Bh_2}\right)^2 = 3.38 + \frac{1}{2 \times 9.81} \times \left(\frac{5.00}{1.00 \times 3.38}\right)^2 = 3.49\,\text{m}$$

よって

$$\frac{\Delta E}{E_1} = \frac{E_1 - E_2}{E_1} = \frac{8.36 - 3.49}{8.36} = 0.58$$

となり，跳水によって失われたエネルギー ΔE は E_1 の58％に相当することがわかります．

【6.8】運動量保存の式には，段差の部分から受ける力を含む必要があります．**解図 6.2** に示すように，この力は静水圧分布に従うものと仮定すると，単位時間に単位幅当りに段差の部分から受ける力積は，次式のようになります．

$$\frac{1}{2} \times \{\rho g(h_2 - d) + \rho g h_2\} \times d \times 1 = \frac{1}{2}\rho g d(2h_2 - d)$$

単位幅流量 q を用いると，断面Ⅰと断面Ⅲの間の運動量保存の式は，次式のようになります．

$$\rho q v_3 - \rho q v_1 = \frac{1}{2}\rho g h_1^2 - \frac{1}{2}\rho g d(2h_2 - d) - \frac{1}{2}\rho g h_3^2$$

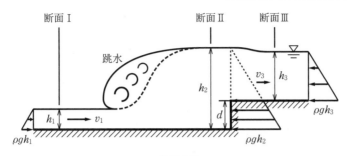

解図 6.2

連続式より，$v_1 = q/h_1$，$v_3 = q/h_3$ であることを用いると，次式のようになります。

$$\frac{\rho q^2}{h_3} - \frac{\rho q^2}{h_1} = \frac{1}{2}\rho g h_1^2 - \frac{1}{2}\rho g d(2h_2 - d) - \frac{1}{2}\rho g h_3^2$$

この式を $\rho g h_1^2$ で割ると

$$\frac{q^2}{gh_1^3}\frac{1}{h_3/h_1} - \frac{q^2}{gh_1^3} = \frac{1}{2} - \frac{d}{h_1}\frac{h_2}{h_1} + \frac{1}{2}\left(\frac{d}{h_1}\right)^2 - \frac{1}{2}\left(\frac{h_3}{h_1}\right)^2$$

となり，さらに，$Fr_1 = q/\sqrt{gh_1^3}$ であることを用いて整理すると，次式のようになります。

$$\left(\frac{h_3}{h_1}\right)^3 - \left\{2Fr_1^2 + 1 + \left(\frac{d}{h_1}\right)^2 - \frac{2d}{h_1}\frac{h_2}{h_1}\right\}\frac{h_3}{h_1} + 2Fr_1^2 = 0$$

式中の h_2/h_1 は，共役水深の関係を表す式

$$\frac{h_2}{h_1} = \frac{-1 + \sqrt{1 + 8Fr_1^2}}{2}$$

より，Fr_1 で表されるので，この式は d/h_1 と Fr_1 を含む h_3/h_1 の 3 次方程式であることがわかります。与えられた値を代入してこの 3 次方程式を解くと，$h_3/h_1 = 6.125$ となり，$h_3 = 2.14\,\mathrm{m}$ が得られます。

【6.9】 流れをせき止めているゲートを開くと，**解図 6.3** のような段波が生じます。ゲートの上流側では，下流側の水位が下がることで生じた水位の不連続な部分が，上流へ向かって移動していきます。ゲートの下流側では，上流側の水位が上がることで生じた水位の不連続な部分が，下流へ向かって移動していきます。

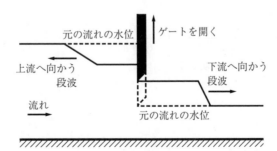

解図 6.3

【6.10】（1）問題【6.3】と同様に繰返し計算を行うと，等流水深 h_0 は $1.34\,\mathrm{m}$ であることがわかります。実際に計算をして確かめてみてください。

（2）限界水深 h_c は次式のように計算できます。

$$h_c = \sqrt[3]{\frac{Q^2}{gB^2}} = \sqrt[3]{\frac{30.0^2}{9.81 \times 10.0^2}} = 0.97 \text{ m}$$

（3）等流水深 h_0 が限界水深 h_c より大きいので，緩勾配水路であることがわかります。

【6.11】不等流を表す基礎方程式は

$$-i + \frac{dh}{dx} + \frac{1}{2g}\frac{d}{dx}\left(\frac{Q^2}{A^2}\right) + \frac{f'}{2gR}\left(\frac{Q^2}{A^2}\right) = 0$$

となることを学習しました。この式の摩擦損失勾配の項をシェジーの係数 C を用いて評価し，広幅長方形断面水路の場合の不等流を表す基礎方程式を導いていきます。

長方形断面水路の場合，速度水頭勾配の項は，次式のように書き換えられることを学習しました。

$$\frac{1}{2g}\frac{d}{dx}\left(\frac{Q^2}{A^2}\right) = -\frac{Q^2 B}{gA^3}\frac{dh}{dx}$$

また，摩擦損失係数 f' とシェジーの係数 C との間には，次式の関係があることも学習しました。

$$f' = \frac{2g}{C^2}$$

これらを不等流を表す基礎方程式に代入すると，次式のようになります。

$$-i + \frac{dh}{dx} - \frac{Q^2 B}{gA^3}\frac{dh}{dx} + \frac{Q^2}{C^2 RA^2} = 0$$

$$\frac{dh}{dx} = \frac{i - \dfrac{Q^2}{C^2 RA^2}}{1 - \dfrac{Q^2 B}{gA^3}}$$

シェジーの式より，広幅長方形断面水路の場合の等流水深 h_0 は

$$Q = vA = C\sqrt{Ri} \times A \approx C\sqrt{h_0 i} \times Bh_0 = CBh_0^{3/2}\sqrt{i}$$

$$h_0 = \left(\frac{Q}{CB\sqrt{i}}\right)^{\frac{2}{3}}$$

と表されるので

$$i = \frac{Q^2}{C^2 B^2 h_0^3}$$

が得られます。これより

$$i - \frac{Q^2}{C^2 RA^2} = i\left(1 - \frac{Q^2}{C^2 RA^2}\frac{1}{i}\right) \approx i\left(1 - \frac{Q^2}{C^2 B^2 h^3}\frac{1}{i}\right) = i\left(1 - \frac{Q^2}{C^2 B^2 h^3}\frac{C^2 B^2 h_0^3}{Q^2}\right) = i\left\{1 - \left(\frac{h_0}{h}\right)^3\right\}$$

となることがわかります。限界水深 h_c は

$$h_c = \sqrt[3]{\frac{Q^2}{gB^2}}$$

と表されるので

$$\frac{Q^2 B}{gA^3} = \frac{Q^2}{gB^2}\left(\frac{B}{A}\right)^3 = \left(\frac{h_c}{h}\right)^3$$

となることがわかります。

以上より，シェジーの係数 C を用いた広幅長方形断面水路の場合の不等流を表す基礎方程式として，次式が得られます。

$$\frac{dh}{dx} = i\frac{1-\left(\dfrac{h_0}{h}\right)^3}{1-\left(\dfrac{h_c}{h}\right)^3}$$

【6.12】 水路Ⅰと水路Ⅱのそれぞれについて，水面形の書き方の手順に沿って考えてみます。

水路Ⅰ：

① 限界水深は，水路勾配が変化しても変わりません。等流水深は，緩勾配水路では限界水深より大きく，急勾配水路では限界水深より小さくなり，また，水路勾配が大きくなるほど小さくなります。水路勾配の大小関係（$i_1 > i_2 > i_c > i_3$）より，水路Ⅰにおける等流水深と限界水深の大小関係は

　　勾配 i_1 の区間の h_0 ＜勾配 i_2 の区間の h_0 ＜h_c ＜勾配 i_3 の区間の h_0

となります。この関係がわかるように，それぞれの区間における等流水深線（破線）と限界水深線（一点鎖線）を描きます。

② 水路の上流端では等流水深で流れているという条件が与えられているので，等流水深線に重ねて水面形を描きます。それに加えて，変化のある地点から離れている箇所（それぞれの区間の真ん中あたり）も等流水深になるので，それも描きます。

③ 水路Ⅰにおいて決まった水深となる断面は，ゲートの直上流，ゲートの直下，水路の下流端になります。ゲートの直上流での水深は，等流水深よりも大きくなります。ゲートの直下での水深は，与えられた条件より，限界水深より小さくなっています。水路の下流端では，限界水深になります。これまでに考えた水深の情報を描くと，**解図 6.4** のようになります。

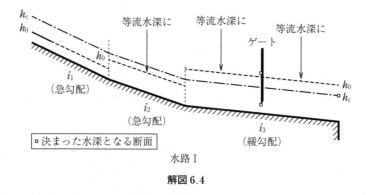

解図 6.4

④ ②と③とで考えた水深がつながるように水面形を描いていきます。

・ 勾配 i_1 の区間を等流水深で流れてきた後，勾配 i_2 の区間の途中で再び等流水深になるために，勾配 i_2 の区間で S3 曲線が現れます。

・ ゲートの上流側では，M1 曲線が現れます。上流側の S3 曲線は射流，下流側の M1 曲線は常流のため，この間で跳水が生じなければなりません。跳水の生じる位置は，急勾配水路上と緩勾配水路上の2種類が考えられます。急勾配水路上で生じる場合，水面形の変化は，跳水⇒S1 曲線⇒緩勾配水路上の等流水深の順になります。緩勾配水路上で生じる場合，水面形の変化は，M3 曲線⇒跳水⇒緩勾配水路上の等流水深の順になります。

・ ゲートの下流側では，射流の M3 曲線で流れ出した後，跳水を経て等流水深になります。その後は段落ち部に向けて M2 曲線が現れ，下流端で限界水深になります。

182　演習問題解答

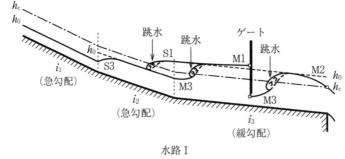

水路 I

解図 6.5

以上より，**解図 6.5** のような水面形が得られます。

水路 II：

水路 I と同じ手順で考えていくと，**解図 6.6** のような水面形が得られます。

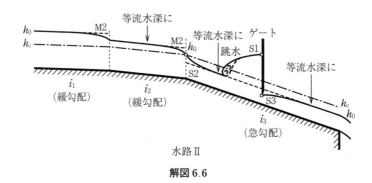

水路 II

解図 6.6

【6.13】（1）問題【6.3】と同様に繰返し計算を行うと，等流水深 h_0 は 0.79 m であることがわかります。実際に計算をして確かめてみてください。限界水深 h_c は次式のように計算できます。

$$h_c = \sqrt[3]{\frac{Q^2}{gB^2}} = \sqrt[3]{\frac{50.0^2}{9.81 \times 100^2}} = 0.29 \text{ m}$$

（2）川 A では等流水深が限界水深より大きいので，緩勾配水路と考えられることがわかります。いま，下流端の地点 P で水深が 3.00 m となっており，これは等流水深よりも大きいので，M1 曲線（堰上げ背水曲線）の水面形が現れていると考えられます。流れは常流であるため，下流端の地点 P から上流に向かって不等流計算を行います。

上流に向かって不等流計算を行う場合は，次式を使います。

$$\frac{Q^2}{2gA_{i+1}^2} + h_{i+1} + z_{i+1} - \frac{n^2 Q^2}{R_{i+1}^{4/3} A_{i+1}^2} \frac{\Delta x}{2} = \frac{Q^2}{2gA_i^2} + h_i + z_i + \frac{n^2 Q^2}{R_i^{4/3} A_i^2} \frac{\Delta x}{2}$$

既知である下流側の断面の値（h_i, A_i, R_i, z_i）を用いて，式の右辺の値を計算します。計算した右辺の値と左辺の値が等しくなるように，上流側の断面の値（h_{i+1}, A_{i+1}, R_{i+1}, z_{i+1}）を探します。いま，勾配 i は 1/2 000，計算間隔 Δx は 500 m であるので，z は 1 断面ごとに 0.25 m ずつ大きくなっていきます。また，A と R は h の関数であるので，実際には h の値をいろいろと試して，右辺の値と左辺の値が等しくなるようにすればよいことがわかります。

下流端（地点 P）では，$h_1 = 3.00$ m であるので，$A_1 = 300$ m^2，$R_1 = 2.83$ m です。$z_1 = 0.00$ m と

すると，式の右辺の値は次式のように計算できます。

$$\frac{Q^2}{2gA_1^2} + h_1 + z_1 + \frac{n^2 Q^2}{R_1^{4/3} A_1^2} \frac{\Delta x}{2}$$

$$= \frac{50.0^2}{2 \times 9.81 \times 300^2} + 3.00 + 0.00 + \frac{0.030^2 \times 50.0^2}{2.83^{4/3} \times 300^2} \times \frac{500}{2} = 3.003 \text{ m}$$

式の左辺の値もこの値になるように h_2 を探すと，$h_2 = 2.753$ m であることがわかります。今度は，h_2, A_2, R_2, z_2 の値を用いて，式の右辺の値を計算し，それと合うような h_3 の値を探します。2 000 m 上流の地点まで計算していった結果を**解表 6.2** に示します。

解表 6.2

断面 i	距離 x [m]	床高 z [m]	水深 h [m]	断面積 A [m²]	径深 R [m]	流速 v [m/s]	左辺の値 [m]	右辺の値 [m]
1	0	0.000	3.000	300.000	2.830	0.167		3.003
2	500	0.250	2.753	275.336	2.610	0.182	3.003	3.007
3	1 000	0.500	2.508	250.788	2.388	0.199	3.007	3.013
4	1 500	0.750	2.264	226.410	2.166	0.221	3.013	3.020
5	2 000	1.000	2.023	202.300	1.944	0.247	3.020	3.032

計算を続けていくと，水深は，2 000 m 上流の地点では 2.023 m，4 000 m 上流の地点では 1.147 m，6 000 m 上流の地点では 0.803 m となることがわかります。8 000 m 上流の地点まで計算した結果を**解図 6.7** に示します。

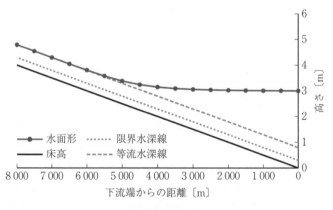

解図 6.7

以上の計算結果より，下流端での水位上昇がかなり上流まで影響を及ぼしていることがわかります。不等流計算用の Excel ファイルを Web 上のサポートページに用意してありますので，条件を変えて計算し，結果がどのように変わるのか確認してみてください。

■ 7 章

【7.1】 相対水深 h/L_0 を算出し，対象の波がどの領域の波であるのかを調べます。

$$L_0 = \frac{gT_0^2}{2\pi} = 156 \text{ m}$$

ゆえに，水深200 m，4.0 mでの相対水深は1.28，0.026となることから，それぞれ深海波，極浅海波に分類されます。したがって，それぞれの水深での波速と波長は以下になります。

水深200 m： 波速 $c_0 = \dfrac{gT_0}{2\pi} = 15.6$ m/s， 波長 $L_0 = \dfrac{gT_0^2}{2\pi} = 156$ m

水深4.0 m： 波速 $c = \sqrt{gh} = 6.26$ m/s， 波長 $L = \sqrt{gh} \cdot T = 62.6$ m

波長については式(7.18)を利用しても算出できます。

【7.2】 問題【7.1】と同様に相対水深を算出すると $h/L_0 = 200/351 = 0.57$ となり，対象波は深海波であることがわかります。波のエネルギーを計算すると，$E_0 = 1/8 \rho g H_0^2 = 5052$ N となります。波のエネルギーは群速度 c_g の速さで輸送され，対象波は深海波であることから $c_{g0} = 0.5 c_0$ と表すことができます。以上より，単位幅当りの一波長間の総エネルギー輸送量は次式のようになります。

$$W = E_0 c_g \cdot L_0 = 5052 \times 11.7 \times 351 = 2.07 \times 10^7 \text{ N}$$

【7.3】 沖波の波速は $c_0 = 18.7$ m/s，波長は $L_0 = 225$ m とわかります。よって，水深6 mでの相対水深は $h/L_0 = 0.027$ となります。ここで，本文中の図7.4より $c/c_0 = 0.4$ とわかることから，$c = 7.48$ m/s となります。波向を求めるためにスネルの法則（式(7.33)）を用いると，$\sin\theta = c/c_0 \sin\theta_0 = 0.35$，ゆえに，水深6 mでの波向は $\theta = 20.5°$ と算出できます。

波高については，式(7.35)より浅水係数 K_s と屈折係数 K_r を用いた次式を用いて算出できます（群速度 c_g と波速 c の比 n は本文中の図7.5より，$n = 0.94$ です）。

$$H = K_s K_r H_0 = \sqrt{\dfrac{c_{g0}}{c_g}} \sqrt{\dfrac{\cos\theta_0}{\cos\theta}} H_0$$

ここで，$c_{g0} = 0.5 c_0$，$c_g = nc$ より

$$H = 1.15 \times 0.73 \times 3.0 = 2.52 \text{ m}$$

■8章

【8.1】 本問では，$Fr = \sqrt{U^2/gL}$ において，$g \times L$ が原型と模型で同一となるため，U^2 も原型と模型で同じとなります。このため，原型，模型の比は速度で1：1，時間で50：1となります。

【8.2】 フルード相似を考えて，波高 $5 \text{ m} \times 1/25 = 0.2$ m，周期 $12/\sqrt{25} = 2.4$ s となります。

【8.3】 $Re = 10^0$ オーダーの低レイノルズ領域での流れであり，慣性よりも粘性が強く働いています。このためフルード相似ではなく，レイノルズ相似を考える必要があります。実験と原型で動粘性係数が同じであれば，粒径を50倍にすれば，流速を50分の1にする必要があります。流速の再現が難しい場合，実験で動粘性係数の高い液体を使うことでレイノルズ数を一致させることもできます。なお，水の動粘性係数は20℃で 1.0×10^{-2} cm^2/s，30℃で 0.8×10^{-2} cm^2/s（表5.1）であるため，水温による影響も大きいといえます。したがって，特にレイノルズ相似を考えた水理実験では水温の管理が重要となります。

■9章

【9.1】 この観測では緩やかに上昇する水位に，短い周期の急激な津波波形が乗っている様子が見てとれます。実際の津波はこのように複雑な周期特性を示しますが，グリーンの法則（式(9.25)）では周期の影響を考慮していません。したがって潮位偏差の最大値を津波の高さとみなして，想定する場所の水深による増幅率と地形による増幅率を掛け合わせればよいことになります。ただ

し，グリーンの法則では水深が浅くなると無限にまで増幅率が大きくなっていきますが，現実には波が砕けたり，分裂したりするため有限な高さに落ち着くことになります。

【9.2】 周期特性を持つ津波の場合，湾の奥行の違いによっても増幅率が異なってきます。式 (9.26) が示すように，周期に比例する形で共振しやすい湾の形状（長さ）が変化します。この水深では，周期 2 分の場合 600 m 程度，20 分の場合 6 000 m 程度の奥行を持つ湾で，共振が発生しやすい条件になります。特にリアス式海岸ではさまざまな奥行を持つ湾が存在するため，周期の特性によって津波が増幅されやすい湾とされにくい湾があります。

【9.3】 例として 1959 年 9 月 26 日 18 時頃に紀伊半島の南端に上陸し，伊勢湾全域で過去に類を見ない大災害をもたらした伊勢湾台風（1959 年台風第 15 号）を取り上げます。この台風の名古屋に最接近時の最低気圧は 958 hPa，最大風速は 37 m/s でした。この条件を経験式に代入すると，名古屋では高潮の偏差が 3.13 m と計算できます。実際に名古屋港の検潮所では 3.45 m の最大偏差が記録されており，経験式の推定精度は高いといえます。さらに伊勢湾台風が東京や大阪に上陸した状況を仮想的に考えると，高潮はおのおの 2.75 m，3.6 m と推定できます。東京の高潮は気圧に対する感度が高い一方，2 乗で効いてくる風速への感度が低いため，全体としては名古屋や大阪よりも小さめの高潮偏差となっています。ただし，経験式では考えていないほかの要素，例えば台風の大きさや移動速度，風向，海岸線形状，海底地形などを含めて詳しく検証してみると，台風によっては東京で特に顕著な高潮が生じる場合もあるので注意が必要です。

【9.4】 本問の場合，土層中の流路の数は 4 本程度が妥当と考えられます。シルトの透水係数 k を表 9.2 より仮定すると，式 (9.40) を用いて透水流量を推定することができます。

索引

【あ】
圧力水頭 　　　　　　　　　11
粗い管 　　　　　　　　　　56
安定の条件 　　　　　　　　23

【い】
一次元解析でのエネルギー
　方程式 　　　　　　　　　59
一次元解析での管路の運動
　方程式（運動量方程式）　 59
位置水頭 　　　　　　　　　11
移流拡散方程式 　　　　　 147
移流項 　　　　　　　　　　 9

【う】
渦糸 　　　　　　　　　　　36
渦なし流れ 　　　　　　　　31
運動の相似 　　　　　　　 127
運動方程式 　　　　　　　　 7
運動量 　　　　　　　　　　 5
　──の保存則
　　（巨視的に観察した場合）10
　──の保存則
　　（微視的に観察した場合） 7

【え】
エネルギー 　　　　　　　　 5
エネルギー線 　　　　　　　68
エネルギーの伝達速度 　　 120
エネルギー補正係数 　　　　59
塩水くさび 　　　　　　　 143

【お】
オイラーの方程式 　　　　　 9
オイラー流の観察方法 　　　 3
オイラー流の記述 　　　　　 1
沖波 　　　　　　　　112, 117

【か】
開水路の流れ 　　　　　　　75
回転 　　　　　　　　　　　29
海面上昇 　　　　　　　　 141
カルマン定数 　　　　　　　54
緩勾配水路 　　　　　　　　94
慣性力 　　　　　　　　　 127
完全流体 　　　　　　　　　28
管網 　　　　　　　　　　　72

【き】
規則波 　　　　　　　　　 112
基本物理量 　　　　　　　 130
急拡損失 　　　　　　　　　64
急勾配水路 　　　　　　　　95
急縮損失 　　　　　　　　　65
急変流 　　　　　　　　　　77
共役水深 　　　　　　　　　89

【く】
クウェット流 　　　　　　　45
屈折係数 　　　　　　　　 123
屈折損失 　　　　　　　　　67
グリーンの法則 　　　　　 137
群速度 　　　　　　　　　 120

【け】
形状損失 　　　　　　　　　59
形状損失係数 　　　　　　　64
形状の相似 　　　　　　　 127
径深 　　　　　　　　　63, 76
傾心 　　　　　　　　　　　22
ゲージ圧 　　　　　　　　　15
ゲート 　　　　　　　　　　99
限界勾配 　　　　　　　　　94
限界勾配水路 　　　　　　　94
限界水深 　　　　　　　　　84
限界流 　　　　　　　　　　84
限界流速 　　　　　　　　　84
限界レイノルズ数 　　　　　48

【こ】
洪水追跡 　　　　　　　　 133
交代水深 　　　　　　　　　84
勾配 　　　　　　　　　　　28
合流管 　　　　　　　　　　70
極浅海波 　　　　　　　　 112
コーシー・リーマンの関係式 33
古典力学パラダイム 　　　　 2
コールブルクの式 　　　　　62

【さ，し】
サイフォン 　　　　　　　　70
シェジーの式 　　　　　　　81
次元解析 　　　　　　　　 129
質量 　　　　　　　　　　　 5
　──の保存則 　　　　　　 6
支配断面 　　　　　　　　　98
射流 　　　　　　　　　　　79
射流から常流へ遷移 　　　　86
周期 　　　　　　　　　　 111
自由水面 　　　　　　　　　75
重力 　　　　　　　　　　 127
重力波 　　　　　　　　　 110
潤辺 　　　　　　　　　　　76
常流 　　　　　　　　　　　79
常流から射流へ遷移 　　　　86
深海波 　　　　　　　　112, 117
侵食形（海浜） 　　　　　 113

【す】
吸上げ効果 　　　　　　　 138
吸込み 　　　　　　　　　　35
水頭 　　　　　　　　　　　11
水理模型実験 　　　　　　 126
スネルの法則 　　　　　　 122

【せ】
静水圧 　　　　　　　　　　14
堰 　　　　　　　　　　　　98
堰上げ背水曲線 　　　　　　99
絶対圧力 　　　　　　　　　15
浅海波 　　　　　　　　　 112
浅水係数 　　　　　　　　 122
全水頭 　　　　　　　　　　11
浅水変形 　　　　　　　　 121
漸変流 　　　　　　　　　　77

索引

【そ】

相対水深	112
相対波高	112
相当粗度	55
層流	10, 43
層流底層	56
速度水頭	11
速度ポテンシャル	115
粗度係数	63

【た】

対数分布則	55
堆積形（海浜）	113
高潮	138
ダルシー則	144
ダルシー・ワイスバッハの式	60
段落ち	100
段波	90
断面二次モーメント	17

【ち】

跳水	86, 87
長波	112, 134
調和関数	32

【つ，て】

津波	134
低下背水曲線	100
定常流	77
汀線	113
堤防の高さ	132
定流	77

【と】

透水係数	145
動水勾配線	67
透水層	144
動粘性係数	10, 41
等流	77, 79
等流水深	81
特性曲線法	106

【な】

流れ関数	32
ナビエ・ストークスの方程式	10, 43
——の厳密解	43
波のエネルギー	120
波の屈折	122
なめらかな管	56

【に，ね】

ニュートンの仮説	39

粘性係数	39
粘性底層	56
粘性流体	39
粘性力	127

【は】

背水曲線	99
波形勾配	111
ハーゲン・ポアズイユ流	47
波高	111
波速	111
波長	111
バッキンガムのπ定理	130
発散	29
ハーディ・クロス法	72

【ひ】

ピエゾ水頭	67
比エネルギー	83
非回転流れ	31
微小振幅波	113
微小振幅波理論	113
ひずみ模型	128
非静水圧	14
非定常流	77, 104
非粘性	28

【ふ】

不規則波	112
吹寄せ効果	139
復元力	110
複素速度ポテンシャル	34
ブシネスクの渦粘性理論	54
浮心	21
浮体の安定	22
不定流	77, 104
不等流	77
不等流計算	101
不等流の基礎方程式	92
プラントルの混合距離理論	54
浮力	19
フルード数	77
フルード相似則	127
分岐管	70
分散関係式	116

【へ】

ベクトル演算子	28
ベクトル解析	28
ベルヌイの定理	5, 11

【ほ】

ポアズイユ流	45
ポテンシャル流れ	31

【ま】

曲がり損失	67
摩擦速度	55
摩擦損失	59
摩擦損失係数	60
マニングの式	63, 81
マノメータ	67

【み】

水粒子の水平速度	118
三つの保存則	1
密度	5

【む，ゆ】

ムーディー図	61
有限振幅波	113

【ら】

ラグランジュ流の観察方法	3
ラグランジュ流の記述	1
ラディエーション応力	124
ラプラスの作用素	29
ラプラスの方程式	29, 32, 114
乱流	10, 48

【り】

力学的な相似	127
リチャードソン数	143
流出損失	66
流跡線	30
流線	30
流入損失	66
流量	7

【れ，わ】

レイノルズ応力	52
レイノルズ数	47
レイノルズ相似則	129
レイノルズの方程式	10, 51
連続式	6
湧出し	35

【英字】

M1 曲線	96
M2 曲線	96
M3 曲線	96
S1 曲線	96
S2 曲線	96
S3 曲線	96

―― 編著者略歴 ――

柴山　知也（しばやま　ともや）
1977 年　東京大学工学部土木工学科卒業
1979 年　東京大学大学院工学系研究科修士課程修了（土木工学専攻）
1981 年　東京大学助手
1985 年　工学博士（東京大学）
1985 年　東京大学講師
1986 年　東京大学助教授
1987 年　横浜国立大学助教授
1997 年　横浜国立大学教授
2009 年　横浜国立大学名誉教授
2009 年　早稲田大学教授
　　　　　現在に至る

―― 著者略歴 ――

髙木　泰士（たかぎ　ひろし）
1997 年　横浜国立大学工学部建設学科土木工学コース卒業
1999 年　横浜国立大学大学院工学研究科博士課程前期修了（人工環境システム学専攻）
1999 年　五洋建設株式会社
2005 年　横浜国立大学助手
2008 年　博士（工学）（横浜国立大学）
2008 年　五洋建設株式会社
2010 年　独立行政法人国際協力機構
2011 年　東京工業大学准教授
　　　　　現在に至る

鈴木　崇之（すずき　たかゆき）
1998 年　横浜国立大学工学部建設学科土木工学コース卒業
2000 年　横浜国立大学大学院工学研究科博士課程前期修了（人工環境システム学専攻）
2000 年　日本建設コンサルタント株式会社（現 いであ株式会社）
2004 月　横浜国立大学大学院工学府博士課程後期修了（社会空間システム学専攻），博士（工学）
2004 年　オレゴン州立大学客員研究員
2004 年　横浜国立大学大学院工学研究院非常勤教員（助手相当職）
2005 年　独立行政法人（現 国立研究開発法人）港湾空港技術研究所海洋・水工部任期付研究官
2009 年　京都大学防災研究所助教
2010 年　横浜国立大学准教授
　　　　　現在に至る

三上　貴仁（みかみ　たかひと）
2010 年　早稲田大学理工学部社会環境工学科卒業
2011 年　早稲田大学大学院創造理工学研究科修士課程修了（建設工学専攻）
2014 年　早稲田大学大学院創造理工学研究科博士後期課程修了（建設工学専攻），博士（工学）
2014 年　早稲田大学講師
2017 年　東京都市大学准教授
　　　　　現在に至る

髙畠　知行（たかばたけ　ともゆき）
2010 年　早稲田大学理工学部社会環境工学科卒業
2012 年　早稲田大学大学院創造理工学研究科修士課程修了（建設工学専攻）
2012 年　大成建設株式会社技術センター
2017 年　早稲田大学大学院創造理工学研究科博士後期課程修了（建設工学専攻），博士（工学）
2018 年　早稲田大学理工学術院総合研究所次席研究員（研究院講師）
　　　　　現在に至る

中村　亮太（なかむら　りょうた）
2013 年　早稲田大学創造理工学部社会環境工学科卒業
2014 年　早稲田大学大学院創造理工学研究科修士課程修了（建設工学専攻）
2017 年　早稲田大学大学院創造理工学研究科博士後期課程修了（建設工学専攻），博士（工学）
2017 年　豊橋技術科学大学助教
2019 年　新潟大学助教
　　　　　現在に至る

松丸　亮（まつまる　りょう）
1986 年　横浜国立大学工学部土木工学科卒業
1986 年　日本海洋掘削株式会社
1987 年　株式会社パシフィックコンサルタンツインターナショナル
1998 年　横浜国立大学大学院工学研究科博士課程前期修了（計画建設学専攻）
2005 年　有限会社アイ・アール・エム代表取締役社長
2010 年　横浜国立大学大学院工学府博士課程後期修了（社会空間システム学専攻），博士（工学）
2013 年　東洋大学教授
　　　　　現在に至る

水 理 学 解 説
Hydraulics

©Tomoya Shibayama, Hiroshi Takagi, Takayuki Suzuki, Takahito Mikami,
Tomoyuki Takabatake, Ryota Nakamura, Ryo Matsumaru 2019

2019年9月26日　初版第1刷発行　　　　　　　　　　　　　　　　　　　　★

検印省略	編 著 者	柴 山 知 也
		高 木 泰 士
		鈴 木 崇 之
	著　　者	三 上 貴 仁
		高 畠 知 行
		中 村 亮 太
		松 丸 　 亮

発 行 者　　株式会社　コ ロ ナ 社
　　　　　　代 表 者　　牛来真也
印 刷 所　　新日本印刷株式会社
製 本 所　　有限会社　愛千製本所

112-0011　東京都文京区千石 4-46-10
発 行 所　株式会社　コ ロ ナ 社
CORONA PUBLISHING CO., LTD.
Tokyo Japan
振替00140-8-14844・電話(03)3941-3131(代)
ホームページ　http://www.coronasha.co.jp

ISBN 978-4-339-05268-8　C3051　Printed in Japan　　　　　　　（新井）

JCOPY <出版者著作権管理機構 委託出版物>
本書の無断複製は著作権法上での例外を除き禁じられています。複製される場合は，そのつど事前に，
出版者著作権管理機構（電話 03-5244-5088，FAX 03-5244-5089，e-mail: info@jcopy.or.jp）の許諾を
得てください。

本書のコピー，スキャン，デジタル化等の無断複製・転載は著作権法上での例外を除き禁じられています。
購入者以外の第三者による本書の電子データ化及び電子書籍化は，いかなる場合も認めていません。
落丁・乱丁はお取替えいたします。

土木・環境系コアテキストシリーズ

（各巻A5判）

■編集委員長　日下部　治
■編集委員　　小林　潔司・道奥　康治・山本　和夫・依田　照彦

共通・基礎科目分野

	配本順			頁	本体
A-1	（第9回）	土木・環境系の力学	斉木　功著	208	2600円
A-2	（第10回）	土木・環境系の数学 ―数学の基礎から計算・情報への応用―	堀市　宗朗 村　強共著	188	2400円
A-3	（第13回）	土木・環境系の国際人英語	井合　進 R. Scott Steedman 共著	206	2600円
A-4		土木・環境系の技術者倫理	藤原　章正 木村　定雄共著		

土木材料・構造工学分野

B-1	（第3回）	構造力学	野村　卓史著	240	3000円
B-2	（第19回）	土木材料学	中村　聖三 奥松　俊博共著	192	2400円
B-3	（第7回）	コンクリート構造学	宇治　公隆著	240	3000円
B-4	（第4回）	鋼構造学	舘石　和雄著	240	3000円
B-5		構造設計論	佐香　月 藤藤　尚次共著		

地盤工学分野

C-1		応用地質学	谷　和夫著		
C-2	（第6回）	地盤力学	中野　正樹著	192	2400円
C-3	（第2回）	地盤工学	髙橋　章浩著	222	2800円
C-4		環境地盤工学	勝見　武 乾　徹共著		

水工・水理学分野

D-1	（第11回）	水理学	竹原　幸生著	204	2600円
D-2	（第5回）	水文学	風間　聡著	176	2200円
D-3	（第18回）	河川工学	竹林　洋史著	200	2500円
D-4	（第14回）	沿岸域工学	川崎　浩司著	218	2800円

土木計画学・交通工学分野

E-1	（第17回）	土木計画学	奥村　誠著	204	2600円
E-2	（第20回）	都市・地域計画学	谷下　雅義著	236	2700円
E-3	（第12回）	交通計画学	金子　雄一郎著	238	3000円
E-4		景観工学	川﨑　雅史 久保田　善明共著		
E-5	（第16回）	空間情報学	須﨑　純一 畑山　満則共著	236	3000円
E-6	（第1回）	プロジェクトマネジメント	大津　宏康著	186	2400円
E-7	（第15回）	公共事業評価のための経済学	石倉　智樹 横松　宗太共著	238	2900円

環境システム分野

F-1		水環境工学	長岡　裕著		
F-2	（第8回）	大気環境工学	川上　智規著	188	2400円
F-3		環境生態学	西村　修 山田　一裕 中野　和典共著		
F-4		廃棄物管理学	中島　岡山　隆裕 行文共著		
F-5		環境法政策学	織　朱實著		

定価は本体価格+税です。
定価は変更されることがありますのでご了承下さい。

図書目録進呈◆